Vogelhäuser
selber bauen

Mark Ramuz · Frank Delicata

Vogelhäuser

selber bauen

Weltbild

Titel der Originalausgabe
Bird Houses

Genehmigte Lizenzausgabe für Verlagsgruppe Weltbild GmbH,
Steinerne Furt, 86167 Augsburg

Redaktion: Heather Magrill, Miranda Stonder, Rebecca Myram, Gwen Rigby
Übertragung ins Deutsche: Stefanie Menzel
Gestaltung: Elizabeth Healey
Illustrationen: Dave McAllister, Tig Sutton, Neil Ballpit, Rob Shone, Gary Cross
Fotos: George Solomonides, Martin Norris
Umschlaggestaltung: Atelier Lehmacher, Friedberg (Bay.)

Printed in Singapore
978-3-8289-6613-0

2015 2014 2013 2012 2011
Die letzte Jahreszahl gibt die aktuelle Lizenzausgabe an.

Einkaufen im Internet:
www.weltbild.de

Inhalt

6 Einführung

10 Über Vögel

14 Werkzeug und Arbeitssicherheit

18 Bastelanleitungen

20 Baumstammhäuschen

24 Futtertablett

28 Futterbaum

31 Kletteraffe

34 Miniaturschuppen

38 Stummer Gärtner

41 Eichhörnchen

44 Schweizer Chalet

48 Country-House

52 Ranch

56 Landhaus

60 Neuenglisches Schulhaus

64 Pueblo-Kirche

70 Fachwerkhaus

74 Südstaaten-Villa

78 Windmühle

84 Herrenhaus

90 Taubenschlag

96 Arche Noah

102 Wolkenkratzer

108 Vorlagen

126 Register

128 Danksagung

Dieser kleine Kerl schlüpft gerade in einen einfachen, aber stabilen Nistkasten, der leicht nachzubauen ist.

Einleitung

Vögel im Garten zu beobachten und ihnen beim Fressen zuzuschauen ist ein entspannender und immer wieder interessanter Zeitvertreib. Das Basteln von Vogelhäuschen und Futterstellen sollte mindestens genauso viel Spaß machen. Mit diesem Ziel vor Augen stellen wir hier 20 Modelle vor. Was Konstruktion und Schwierigkeit angeht, reicht die Bandbreite von leicht nachzubauenden Holzhäuschen bis zu kunstvollen gotischen Villen – für Vögel mit ausgefallenem Geschmack! Alle Entwürfe können nach einer Arbeitsanleitung genau ausgeführt werden, sollen aber auch Anregungen für eigene Modelle geben. Vielleicht möchte man Größe, Proportionen, Farbanstrich oder einfach nur die Platzierung des Einfluglochs abändern. Es gibt keine zwingenden Vorschriften. Solange die Konstruktion stabil ist und guten Schutz bietet, bleibt das Styling ganz Ihnen überlassen. Und überlegen Sie immer, wozu Ihr Bauwerk dienen soll – Nist- oder Futterplatz oder beides?

GRUNDSÄTZLICHES ZUM THEMA VOGELHÄUSCHEN

Obwohl die Gestaltung eines Nistkastens natürlich sehr vom persönlichen Geschmack abhängt, gibt es doch ein paar Richtlinien für den Bau, die richtige Platzierung im Garten sowie die Instandhaltung.

- Das Dach des Kastens sollte schräg sein, damit Regen schnell abfließen und das Holz sich nicht vollsaugen kann. In die Bodenplatte sollte man immer mehrere Löcher bohren. So kann Regenwasser ablaufen, das Holz beginnt nicht zu faulen und Nistmaterial wird nicht durchweicht. Die Seitenwände bekommen Belüftungslöcher. Mit Scharnieren befestigte Wände erleichtern die Reinigung.
- Die Größe des Nistkastens kann variieren. Er sollte aber immer wenigsten 15 cm tief sein, sodass Jungvögel nicht durch das Einflugsloch herausfallen können.

- Das Einflugloch kann vorne oder seitlich liegen und je nachdem, auf welche Vogelart man es abgesehen hat, unterschiedlich groß sein. Allerdings sollte es generell nicht über 30–38 mm Durchmesser haben. Diese Größe reicht für Rotkehlchen, Spatzen, Finken, Gartenrotschwänze, Zaunkönige und Meisen völlig aus. Größere Raubvögel kommen so aber nicht an den Nestinhalt heran.
- Modelle mit seitlichen Schlitzen, wie z. B. die Pueblo-Kirche (S. 64), sind attraktiv für Fliegenschnäpper. Solche Kästen sollten etwas abgelegen in einer Astgabel oder geschützt in einer Hecke platziert werden.
- Der Nistkasten sollte mindestens 1,5 m über dem Boden angebracht werden, damit man ihn bequem inspizieren kann. Das Einflugloch muss der Wetterseite abgekehrt liegen. Üblicherweise hängt man Vogelhäuschen an Baumstämme oder Mauern.

Nistkasten an einem Baumstamm in sicherer Höhe.

- Vogelhäuschen können auf verschiedene Weisen befestigt werden. Am einfachsten geht es mithilfe einer stabilen, längs an die Rückseite des Häuschens genagelten Holzleiste. In das überstehende, obere Ende bohrt man ein Loch und schlägt einen Nagel in Stamm oder Mauerwerk. Handelt es sich um ein junges Bäumchen, legt man lieber ein dickes Band um den Kasten, verzwirbelt die Enden seitlich und wickelt sie um den Stamm.

Ein „terrassiertes" Vogelhäuschen mit mehreren Einfluglöchern.

- Viele Modelle in diesem Buch können auch auf einem dicken Pfosten freistehend postiert werden. Hierbei ist die Sicherheit wieder oberstes Gebot. Der Pfosten sollte eine Grundfläche von mindestens 5 x 5 cm haben und mindestens 45 cm in den Boden getrieben werden, wenn möglich ruhig noch tiefer. Man sollte immer sicherstellen, dass das Vogelhäuschen auf dem Pfosten nicht wackelt und es an allen Seiten mit keilförmigen Holzstreben stützen.
- Nesträuber fernzuhalten ist oft schwieriger als Vögel vor Wind und Wetter zu schützen. Ein um das Einflugloch genageltes Metall hindert Eichhörnchen daran, die Öffnung zu erweitern.
- Gibt es in der Umgebung Räuber, wie z. B. Katzen oder Eichhörnchen, können sie für das Vogelhäuschen zum Problem werden. Ofenrohre oder andere rutschige Metallmanschetten kann man um den Pfosten anbringen, damit diese Zeitgenossen nicht hinaufklettern können. Als Alternative dazu kann man ein extra dickes (18 mm) Holzstück geschickt am Loch installieren und somit gierigen Pfoten den Zugang zu Eiern und Jungvögeln verwehren. Um innen eine Barriere zwischen Eindringling und Nest zu bauen, leimt man drei Dübel, 12 mm stark und 38 mm lang, waagerecht in 12 mm Abstand direkt an die Lochunterseite.

Ein Modell in Form eines traditionellen Taubenschlags.

- Jegliche Störung des Nistplatzes, die die Vogeleltern in Aufregung versetzen und zur Flucht veranlassen könnte, ist unbedingt zu vermeiden.

Dieser Jungvogel trinkt auf einem Ästchen sitzend aus einer Trinkflasche für Kolibris. Es ist wichtig Vögel regelmäßig zu füttern.

- Ab und zu nehmen Bienen, Wespen oder andere Insekten ein Vogelhäuschen in Beschlag. Man kann nicht viel dagegen tun, außer im nächsten Frühling den Kasten komplett auszuräumen. Am besten hängt man gleich daneben ein zweites Häuschen auf. Sinnvollerweise im Herbst nimmt man alle Nistkästen herunter, säubert sie und erledigt Reparaturen. Zunächst entfernt man altes Nistmaterial, Futterreste und tote Küken. Im zeitigen Frühjahr übergießt man die Innenseiten mit kochendem Wasser. Dadurch werden Milben und andere Parasiten getötet, die den zukünftigen Bewohnern sonst schaden könnten. Holz bekommt einen neuen ungiftigen Schutzanstrich und alle korrodierten Metallteile werden vor dem Überstreichen mit Rostschutzmittel behandelt.

GRUNDLEGENDES ZUM THEMA FUTTERPLÄTZE

Genau wie verschiedene Häuschen unterschiedliche Vogelarten anlocken, entscheiden auch bei Futterstellen Größe und Ausführung darüber, welche Vögel zum Fressen in den Garten kommen. Füttern sollte man nicht nur im Winter – eine ganzjährige Versorgung erweitert das Spektrum an Vogelarten!

Das Futter sollte möglichst immer zur gleichen Tageszeit ausgestreut werden. Verlässt sich ein Vogel nämlich auf eine bestimmte Futterquelle und findet dort eines Tages nichts vor, könnte er möglicherweise sterben.

- Futtervorrichtungen brauchen genau wie Nistkästen in waagerechten Platten Abflusslöcher, damit das Futter nicht durchnässt.
- Ölhaltige Mischungen aus Sonnenblumenkernen, Hirse und Erdnüssen sind eine gute Eiweißquelle. Maisbruch und Fett locken viele Vogelarten an; Käse- und Fleischstückchen sind bei Insekten fressenden Vögeln sehr beliebt. Fast alle Küchenabfälle eignen sich als Ergänzung des Grundfutters aus Samen und Körnern, obwohl sie natürlich auch Räuber und Schädlinge anlocken. Fallobst und Eicheln sind ebenfalls eine willkommene Abwechslung.

- Nicht nur beim Brüten, auch beim Fressen brauchen Vögel Schutz. Man sollte darauf achten, dass das Futtertischchen waagerecht und sicher steht. Ein mindestens 1,5 m langer Stab oder Pfosten hält die Vögel außerhalb der Reichweite von Haustieren. Eine umgedrehte, auf halber Höhe über den Pfahl gezogene Blechdose hält Eichhörnchen davon ab, sich an den Futtervorräten zu bedienen. Ein rutschiges Plastikrohr am Fuß des Pfostens erfüllt denselben Zweck.

- Futterstellen müssen besser gepflegt werden als Nistkästen. Küchenabfälle müssen weggeräumt werden, bevor sie anfangen zu verrotten. Futter legt man immer nur für einen Tag aus. Jedes Frühjahr muss die Futterstelle gründlich mit Seifenlauge abgewaschen werden.

Ein solide gebautes Vogelhaus mit dekorativer Wetterfahne zieht alle Blicke auf sich.

MATERIALIEN

Holz: Massives Holz ist leicht zu erneuern und vielseitig einsetzbar. Es ist stabil, witterungsbeständig und optisch sehr attraktiv, wodurch es zum perfekten Baumaterial für die meisten Projekte in diesem Buch wird.

Gesägtes oder gehobeltes Weichholz muss regelmäßig imprägniert werden, damit es nicht reißt oder fault. Druckimprägniertes Holz wird bei der Herstellung mit Chemikalien behandelt und sollte deshalb weder für Futter- noch direkt für Nistplätze verwendet werden. Chemisch behandeltes Holz sollte man nur für Pfosten, Dächer oder Außenbereiche von Nistkästen nehmen. Wer Hartholzreste verarbeitet, wird besonders lange Freude an seinem Vogelhäuschen haben.

Synthetische Bretter: Sperrholz und mitteldichte Faserplatten (MDF) werden an vielen Stellen in diesem Buch eingesetzt. Beide gibt es im praktischen Plattenformat. Man kann sie sägen, schleifen und streichen. Man verwendet für den Außenbereich wasserfestes Sperrholz oder Feuchtigkeit abweisende MDF. Alle Kanten und Flächen müssen unbedingt sorgfältig mit Lack oder Farbe versiegelt werden. Sonst können die Fasern Wasser ziehen und aufquellen.

Metallteile: Verzinkte Nägel und beschichtete oder Messingschrauben sind beständiger gegen Korrosion als Eisen oder Stahl und flecken nicht das Holz. Blei, wie auf dem Dach des Windmühlenhäuschens (S. 78), ist äußerst nützlich zum Versiegeln von Fugen im Dachbereich.

- Andere Metallteile, wie etwa Scharniere, sollten möglichst immer aus Messing sein.

MARK RAMUZ

Dieses Zaunkönighäuschen bietet dicht unter dem Einflugloch auf einem langen Ast Platz zum Rasten.

Futterstellen und Nistkästen dürfen nie in Reichweite von Räubern stehen.

Ein ganzjähriges Futterangebot lockt eine ganze Reihe verschiedener Vogelarten an.

Über Vögel

Die schönste Belohnung für die viele Arbeit, die ein Vogelhäuschenbau mit sich bringt, ist später der Einzug eines Vogelpaares. Man stelle sich nur den herrlichen Gesang eines Zaunkönigmännchen vor, das auf einem nahe gelegenen Busch sitzend das Weibchen beim Auskleiden der Nistmulde mit weichem Gras und anderen Pflanzenteilen beobachtet. Später werden sich die beiden emsig mit dem Füttern der Jungen abwechseln. Vielleicht wird man Zeuge der ersten, noch unsicheren Flugversuche der Jungvögel. Obwohl Entwurf und Bau eines Vogelhäuschens ziemlich aufwendig sind, lohnt es sich von Anfang an keine Mühen zu scheuen.

Längst nicht alle Vogelarten akzeptieren Nistkästen. Ähnelt das Vogelhaus einer Höhle in einem morschen Baum, wird es nur von Baumhöhlen liebenden Vögeln bezogen werden. Spechte vergrößern gerne natürliche Löcher in toten Baumstämmen und -stümpfen. Da dieser Aushöhlungsprozess wichtiger Bestandteil bei der Partnerwahl ist, zimmern Spechte jedes Jahr im Rahmen der Brautwerbung eine neue Höhle. Andere Höhlenbewohner, wie Meisen, Kleiber, Wendehälse und Zaunkönige, benutzen Jahr für Jahr dieselbe Höhle, die sie manchmal sogar an nachfolgende Generationen weitervererben. Geschickt und artgerecht entworfene Vogelhäuschen können ein ausgezeichneter Ersatz für „echte" Nester sein.

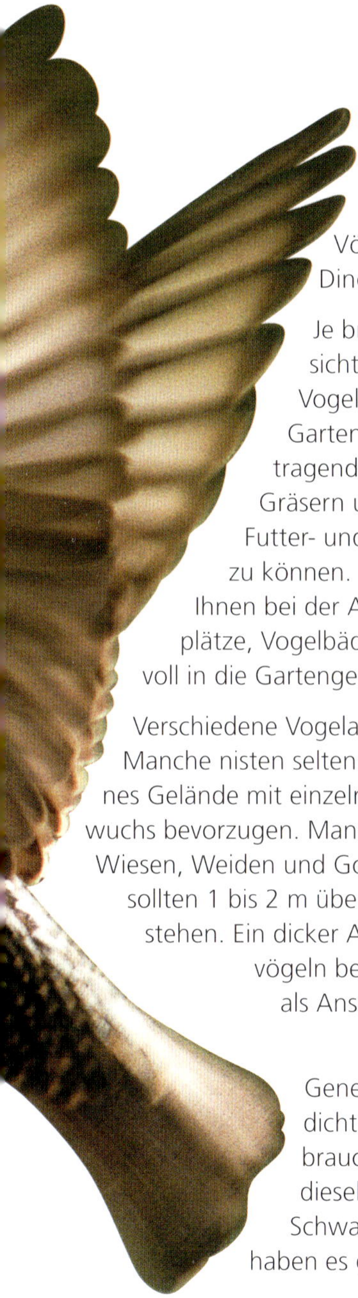

Das Wichtigste beim Anlocken von Vögeln ist die richtige und artgerechte Platzierung des Vogelhäuschens.

Vögel brauchen drei grundsätzliche Dinge: Futter, Wasser und Schutz.

Je breiter man das Angebot in dieser Hinsicht gestaltet, desto mehr verschiedene Vogelarten stellen sich ein. Man sollte im Garten für eine bunte Palette aus Beeren tragenden Büschen, immergrünen Bäumen, Gräsern und Stauden sorgen, um eine Vielzahl Futter- und Unterschlupfmöglichkeiten anbieten zu können. Baumschulen und Gartencenter helfen Ihnen bei der Auswahl geeigneter Pflanzen. Futterplätze, Vogelbäder und Nistkästen werden geschmackvoll in die Gartengestaltung integriert.

Verschiedene Vogelarten bewohnen verschiedene Habitate. Manche nisten selten in Städten oder Wäldern, da sie offenes Gelände mit einzelnen Bäumen und niedrigem Unterwuchs bevorzugen. Manchmal zieht es sie an den Rand großer Wiesen, Weiden und Golfplätze. Nistkästen für solche Vögel sollten 1 bis 2 m über dem Boden und 100 m auseinander stehen. Ein dicker Ast oder Zaun in der Nähe hilft Jungvögeln bei den ersten Flugversuchen und dient als Ansitz bei der Insektenjagd.

Um vielen Vögeln Nahrung und Schutz bieten zu können, sollte man im Garten eine bunte Mischung heimischer Bäume, Sträucher und Stauden pflanzen.

Generell nisten Vögel derselben Art nicht gerne dicht nebeneinander. In einem kleinen Garten braucht man also nie mehr als zwei Kästen für dieselbe Art aufzuhängen. Eine Ausnahme bilden Schwalben, die meistens in Kolonien leben. Sie haben es gerne sonnig und mögen Teiche in der Nähe.

Meisen und Kleiber sind zwar häufige Gäste an Futterstellen, bevorzugen zum Nisten aber offene Baumbestände und Waldränder.

Stare an einer Futterstelle. Samen, wie Hirse und Erdnusskerne decken den Eiweißbedarf der Vögel. Manche Küchenabfälle sind eine gute Ergänzung.

Ihre natürlichen Nistplätze sind verlassene Spechthöhlen – meist in bewaldeten Gebieten. Wer für seinen Nistkasten ein derartiges Plätzchen im Garten finden kann, wird diese unterhaltsamen Vögel damit auf mehr als nur eine üppige Gratismahlzeit einladen können. Beide Arten brauchen Häuschen in derselben Größe, für gewöhnlich 10 x 10 x 30 cm mit einem 3 cm breiten Einflugloch. Das Häuschen sollte 1,2 bis 4,5 m hoch hängen.

Zwei Unterarten der Fliegenschnäpper benutzen Nistkästen – der aschbraune Grauschnäpper und der graubraune Trauerschnäpper. Beiden mögen ungefähr 15 x 15 x 20 cm große Nistkästen mit 4,3 cm großem Einflugloch, die auf einem Pfosten oder Baum 2,5 bis 6 m über dem Boden aufgestellt sind. Auch Stare bevorzugen Nistkästen, die erhöht auf einem Pfahl stehen.

Je nach Größe des Einfluglochs kann man unterschiedliche Vögel für einen Nistkasten gewinnen. Blau- und Tannenmeisen sind die kleinsten gefiederten Gäste und passen sogar noch durch ein Loch mit nur 2,7 cm Durchmesser. Kleiber benötigen 3,2 cm, Zaunkönige 3,2–8 cm, Spatzen 3,2–5 cm und Kohlmeisen brauchen schon einen 3,4 cm großen Durchschlupf. Ein Rotkehlchenhaus hat typischerweise ein 3,8 cm großes Loch. Ganz besondere Ansprüche hat der Gartenrotschwanz: Er bevorzugt ovale Löcher, am besten 3 cm breit und 4,5 cm hoch. Gar nicht für einen Nistkasten gewinnen lassen sich Goldammer, Mönchsgrasmücke, Fitislaubsänger und viele andere Schilf- oder Wiesenbrüter.

Schwalben leben in Kolonien und kehren Jahr für Jahr an ihre Nistplätze zurück. Mit etwas Glück werden auch von Menschen aufgestellte „Nistappartments" von einer Schwalbenkolonie jedes Jahr aus Neue bezogen. Man sollte ein Schwalbenhaus am besten wie einen Taubenschlag in offenes Gelände – möglichst in Wassernähe – auf einen 4,2 bis 6 m hohen Pfosten stellen. Der Abstand zum nächsten Haus oder Dach sollte mindestens 4,5 m betragen. Bevor man allerdings solch ein Haus aufstellt, sollte man sich darüber informieren, ob in der Umgebung überhaupt Schwalben vorkommen.

Haussperlinge und Stare nisten in jeder Höhle und jedem Nistkasten, in den sie hineinpassen. Haussperlinge bevorzugen für ihr Nest die Nähe von Gebäuden. Sperlinge und Stare sind angriffslustige Vögel und haben es auf Eier und Küken abgesehen, sie bauen ihre Nester deshalb gerne oberhalb der Brutstätten anderer Vögel. Manche Einfluglöcher, etwa die der Zaunkönige, sind für Sperlinge zu klein. Um manche Vogelarten zu halten, muss man regelmäßig alle umliegenden Sperlingsnester entfernen, da sie sonst verängstigt sind und sich ein neues Plätzchen suchen.

Die Nester von Sperlingen und Staren erkennt man leicht: Meisen beispielsweise bauen ordentliche Nester; aber die Nester von Haussperlingen und Staren sind unschöne Haufen aus Grashalmen, Federn und Abfall.

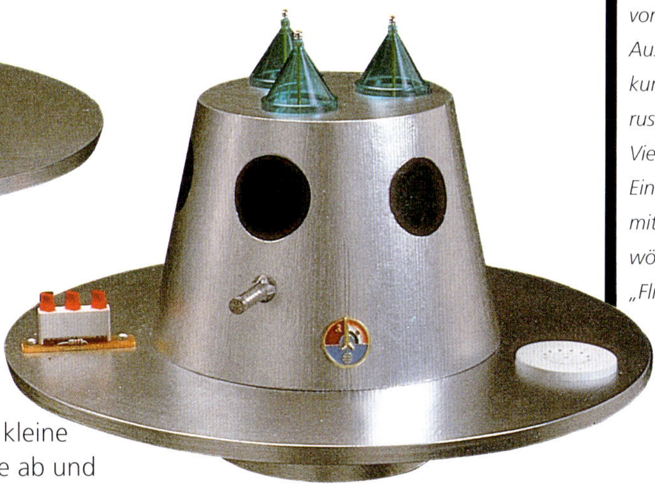

Bei der Planung eines Vogelhäuschens hat man vom Design her die freie Auswahl. Die einen sind kunstvoll, die anderen rustikal oder traditionell. Vielleicht liebäugelt der Eine oder Andere auch mit etwas ganz Ungewöhnlichem, wie diesen „Fliegenden Untertassen".

Zur Paarungszeit lässt sich manch ein Vogel mit ausgelegtem Nistmaterial anlocken. Man sammelt hierfür kurze Schnurstückchen, weiche Stoffrestchen, Baumwolle, Wolle und Moos, schneidet kleine Bindfäden zurecht, klaubt die Haarbürste ab und hebt ausgefallene Hundehaare auf. Sind die Fäden zu lang, können sie sich in den Krallen der Eltern- und Jungvögel verheddern. Watte sollte man ganz vermeiden, da sie sich zum einen in Krallen und Beinen der Vögel verfängt und zum anderen das Drehen der Eier behindert. Das geeignete Material füllt man in einen Korb oder ein Täschchen aus Maschendraht – und wartet ab. Alles Weitere ist Mutter Natur und den Vögeln selber überlassen.

Susan Day

Zubehör

WERKBANK

Eine stabile Werkbank mit Schraubstock ist für die Holzbearbeitung unerlässlich. Sie muss absolut festen Stand haben, sodass man daran gut hobeln und sägen kann. Bei Platzproblemen ist eine klappbare Bank mit Metallgestell eine gute Alternative. Obwohl sie von der Arbeitsfläche her etwas weniger komfortabel ist, eignet sie sich bestens zum Einspannen auch von unhandlichen Brettern.

Schutzbrillen
Die Augen brauchen genauso viel Schutz wie Ohren und Lunge. Man sollte immer eine Schutzbrille tragen, besonders bei der Arbeit mit Elektrogeräten, aber auch beim Hämmern.

Ohrenschützer
Laute Geräusche können das Gehör schädigen. Auch wenn man nur ab und zu elektrische Geräte benutzt, sollte man deshalb Ohrenschützer tragen.

Eine Staubmaske schützt vor feinen Stäuben, die beim Schneiden, Fräsen und Schleifen entstehen.

Staub- und Atemschutzmasken
Sicherheit sollte bei der Werkstattarbeit immer an oberster Stelle stehen. Schneiden, Fräsen und besonders Schleifen produziert jede Menge feine Holz- oder Staubpartikel. Sobald irgendwo feine Stäube entstehen, ist das Tragen einer Schutzmaske unbedingt anzuraten.

Wesentlich effektiver als eine leichte Staubmaske ist eine richtige Atemschutzmaske. Diese bläst saubere Luft übers Gesicht, um den Staub zu entfernen. Das Plastikvisier schützt gleichzeitig vor Splittern.

ELEKTROGERÄTE

Elektrische Geräte sind zwar nicht unbedingt notwendig, erleichtern und beschleunigen jedoch manch mühsamen Arbeitsschritt und führen oft zu einem perfekteren Endergebnis.

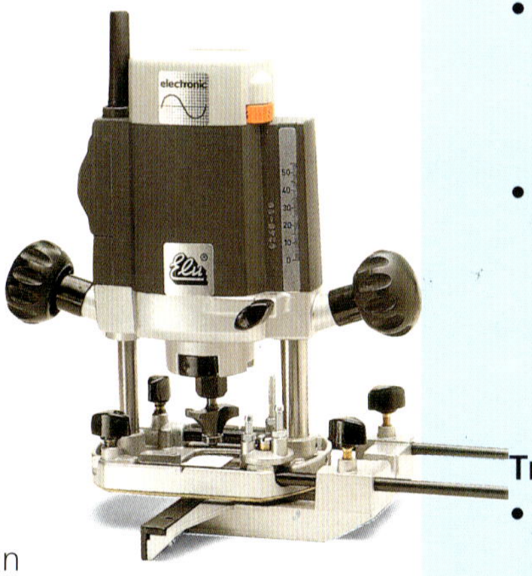

Bohrmaschinen
Elektrobohrer und schnurlose Akkuschrauber sind äußerst nützlich. Manche haben mehrere Geschwindigkeitsstufen, Links- und Rechtslauf und können mit verschiedenen Bohrern und Schraubenziehern bestückt werden.

Stichsägen
Mit elektrischen Stichsägen kann man gerade Schnitte machen, ideal sind sie vor allem zum Sägen komplizierter Kanten und Öffnungen. Für jedes Material und jeden Arbeitsschritt gibt es das passende Sägeblatt. Bei unseren Futterstellen und Vogelhäuschen ist ein feines Sägeblatt am besten geeignet.

Oberfräse
Eine Fräse lohnt sich nur für wirklich ambitionierte Heimwerker. Die meisten Fräsen haben eine ganze Reihe verschiedener Einsätze, mit denen sich alle möglichen Schlitze und Profile schneiden lassen.

LETZTER SCHLIFF

Vogelhäuschen und Futterstellen sollen draußen im Freien stehen und brauchen deshalb statt glänzender Möbelpolitur eher einen robusten Schutzanstrich, der gegen Feuchtigkeit schützt.

Übliche Schritte beim letzten Schliff:

- Unregelmäßigkeiten mit Holzkitt oder Epoxidharz für den Außenbereich ausgleichen. Holz oder Bretter werden mit Schleifpapier mittlerer Körnung möglichst immer in Richtung der Körner geschliffen.
- Schleifstaub herunterbürsten und die Oberfläche zum Säubern und Entfetten mit Spiritus abwischen.
- Jetzt kann man das Werkstück nach Wunsch anstreichen. Zwei dünne Schichten sind immer besser als eine dicke, die meist „Nasen" bekommt und ungleichmäßig trocknet.

Tipps:

- Pinsel nie zu tief in die Farbe tauchen. Vor dem ersten Strich abstreifen, dann gleichmäßig und ohne Druck arbeiten.
- Gegebenenfalls unter dem Vogelhäuschen für die Standfestigkeit „Spikes" anbringen. Hierfür schlägt man einen Nagel durch einen Holzrest, dreht das Ganze um und montiert es an das Häuschen.
- Stellen mit starker Maserung und Astlöcher brauchen eine Extraportion Farbe, damit kein Wasser eindringen kann.

HANDWERKSZEUGE

Für die meisten Projekte in diesem Buch reicht eine Grundausstattung an Werkzeugen zur Holzbearbeitung.

1 FUCHSSCHWANZ
Ein Fuchsschwanz ist für viele kleine und große Sägearbeiten geeignet.

2 FEINSÄGE
Eine Feinsäge eignet sich für gerade, akkurate Schnitte bei feineren Arbeiten.

3 LAUBSÄGE
Eine Laubsäge ist unerlässlich für Einfluglöcher, Zierleisten und sonstige gebogene Formen.

MESSEN UND ANZEICHNEN

4 MASSBAND/ STAHLLINEAL
Ein qualitativ hochwertiges Maßband und ein Stahllineal sind äußerst sinnvoll.

5 ANSCHLAGWINKEL
Ein Winkel ist unerlässlich beim Anzeichnen und Prüfen rechter Winkel.

6 STELLWINKEL/ SCHRÄGMASS
Ein Stellwinkel ist nützlich bei geneigten Dächern und schrägen Seitenwänden.

7 STREICHMASS
Ein einfaches Streichmaß braucht man zum Zeichnen paralleler Linien.

SCHNEIDEN UND HOBE

8 ALLZWECKMESSER
Mit einem Allzweckmesser kann Holz ritzen und dünne Bretter sa und splitterfrei schneiden.

9 RASPELN UND HOLZFEILEN
Raspeln sind bei manchen Projek recht nützlich.

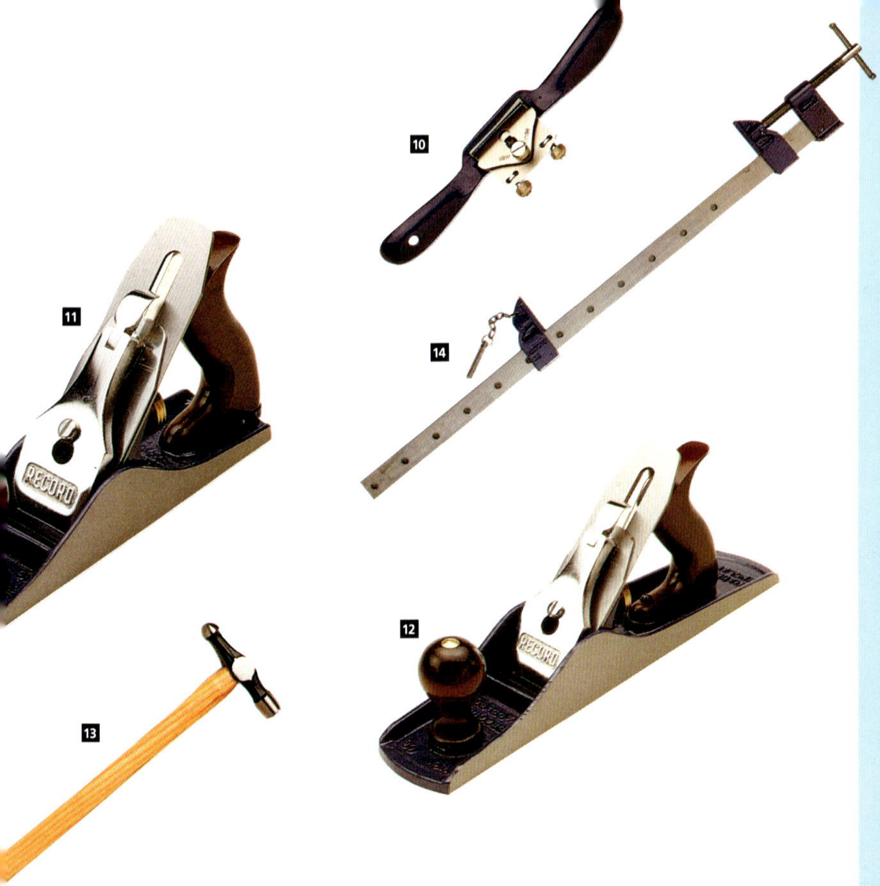

10 Schaber
Ein Schaber hilft beim Bearbeiten abgerundeter Kanten.

11 Schlichthobel
Ein Schlichthobel ist unbezahlbar für wirklich saubere Kanten, die Voraussetzung für akurates Kleben und Aneinandernageln sind.

12 Doppelhobel
Der schwerere Doppelhobel wird benutzt, um an langen Holzstücken gerade Kanten zu erzielen.

13 Hammer
Ein leichter Hammer (bis 200 g) eignet sich zum Einschlagen von Stiftnägeln.

14 Schraubzwingen
Verstellbare Schraubzwingen pressen Holzteile während des Klebevorgangs sicher zusammen.

15 Durchschläger
Einen Durchschläger nimmt man zum Versenken von Nägeln oder Stiften.

MATERIALIEN

Holz

Massives Weich- und Hartholz bekommt man beim Holzhändler oder im Baumarkt. Es hat meist Standardgröße, wird brettweise oder am laufenden Meter verkauft. Zu beachten ist beim Kauf, dass die Brettgrößen stets „nominal“ angegeben werden. Dies bedeutet, ein Brett mit der Nennstärke 25 x 50 mm ist in Wirklichkeit nur ungefähr 23 x 48 mm groß. Diese Besonderheit muss man beim Ausarbeiten der Schnittpläne für die Vogelhäuschen unbedingt berücksichtigen.

Platten

Bei synthetisch hergestellten Platten, wie furnierten Brettern, Sperrholz, Tischlerplatten und mitteldichten Faserplatten (MDF) ist der Preis abhängig von Flächengröße und Dicke der Platte. Ein Quadratmeter von 1 cm dickem Sperrholz kostet natürlich mehr als ein Quadratmeter 0,5 cm dickes. Man sollte möglichst nur solche Platten nehmen, die für den Außenbereich geeignet sind, die also mit einem wasserunlöslichen Kleber verleimt sind.

Kleber

Holz- oder Weißleim (z. B. Ponal), aber auch Pattex ist in der Holzwerkstatt ideal. Wenn man zwei Holzstücke aneinanderkleben möchte, muss man zunächst dafür sorgen, dass die Oberflächen absolut sauber und fettfrei sind. Holzleim hält nicht auf lackierten oder angestrichenen Oberflächen. Man trägt den Leim gleichmäßig dünn auf und presst dann die Teile mit Schraubzwingen zusammen oder spannt sie in einen Schraubstock ein. Überschüssigen Kleber wischt man sofort mit einem feuchten Lappen ab. Erst dann stellt man das Werkstück zum Trocknen beiseite.

Es ist darauf zu achten, dass alle versehentlichen Leimreste auf dem Holz entfernt werden. Denn auf Leimresten hält später keine Farbe, sodass man am Ende eine fleckige Oberfläche bekommen würde. Für den Bau der Vogelhäuschen verwendet man nur wasserbeständigen, für den Außenbereich geeigneten Leim.

BASTELANLEITUNGEN

Die folgenden Seiten zeigen ausführliche Anleitungen für 20 verschiedene Vogelhäuschen und Futterstellen. Sortiert sind die Entwürfe grob nach Schwierigkeitsgrad, erkennbar an der Zahl der Federn rechts neben der Überschrift. Eine Feder steht für leichte, drei Federn für relativ schwierige Projekte.

Baumstammhäuschen

Sehr natürlich wirkt ein ausgehöhltes und zum Vogelhaus umfunktioniertes Aststück oder Baumstamm. Diese perfekte Vogelwohnung ist leicht nachzubauen. Hier ist der Boden aus Sperrholz. Das schräge Dach besteht aus einer passenden Holzscheibe und ist, damit der Regen gut ablaufen kann, mit einem Metallscharnier bündig angeschraubt. Die Metallscheibe rund um das Einflugloch hindert Räuber am Vergrössern der Öffnung. Ein Holzschutzanstrich garantiert, dass die gefiederten Gäste jedes Jahr aufs Neue hier nisten können.

Material

- 30 cm langes Ast- oder Baumstammstück mit 15 cm Durchmesser
- 3 mm dickes Sperrholzstück mit 15 cm Kantenlänge
- Stiftnägel
- 5 cm breites Scharnier und vier Holzschrauben (18 mm)
- Zwei 50 cm lange Metallbänder, 1–1,5 cm breit
- 2 mm dicke, 6 x 6 cm große Metallscheibe
- Farbloses, ungiftiges Holzschutzmittel für den Außenbereich
- Holzleim

Werkzeug

- Fuchsschwanz
- Kleine Handstichsäge
- Bohrmaschine
- Holzbohrer, 12 mm
- Stichsäge
- Hammer
- halbrunde Raspel
- Stechbeitel
- Schraubenzieher
- Pinsel
- Maßband

Eignung

Mit seinem 32 mm großen Einflugloch ist dieser Nistkasten für eine ganze Reihe verschiedener Vogelarten geeignet. Für Meisen, Kleiber und Zaunkönige hängt man ihn 1,5 bis 3,5 m über dem Boden auf. Andere Vögel, wie Spechte und Schwalben, ziehen weiter oben liegende Plätze vor. Kästen für diese Vögel hängt man deshalb 2 bis 6 m hoch. Weiter unten lassen sich die Kästen natürlich bequemer beobachten. Für die meisten Vögel ist es sinnvoll, den Nistkasten in Baumnähe zu hängen, damit sie ihn leichter finden können.

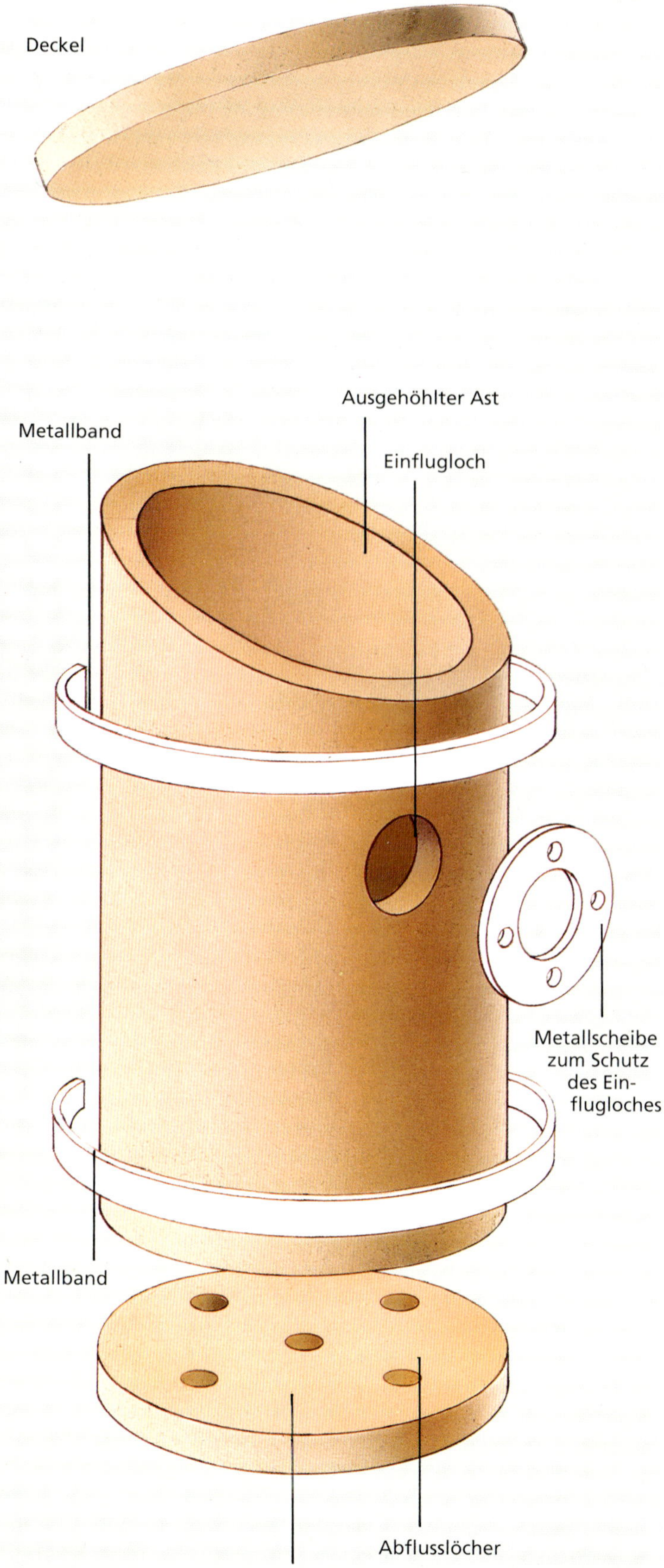

Die Explosionszeichnung zeigt, wie die einzelnen Teile zusammengesetzt werden.

ARBEITSSCHRITTE

1 Zunächst sägt man den Boden des Astes oder Baumstumpfes mit dem Fuchsschwanz gerade.

2 Das obere Ende wird in einem Winkel von etwa 30° zugesägt, damit Regen abfließen kann.

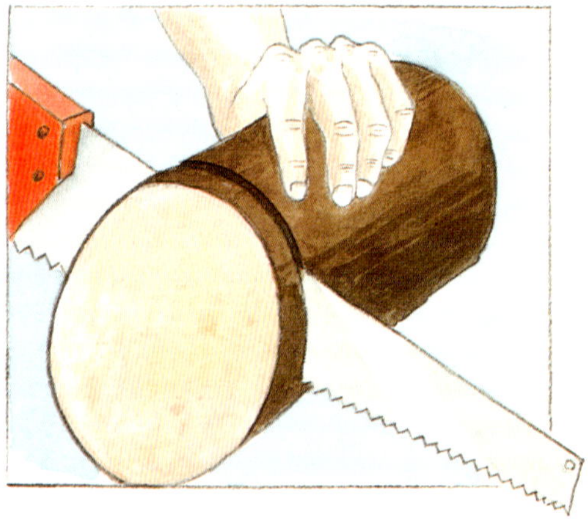

3 Für das Dach schneidet man eine gleichmäßige, mindestens 18 mm dicke Scheibe ab. Zum besseren Gelingen kann man mithilfe eines Maßbands rund um den Ast die gewünschte Dicke durch Punkte anzeichnen.

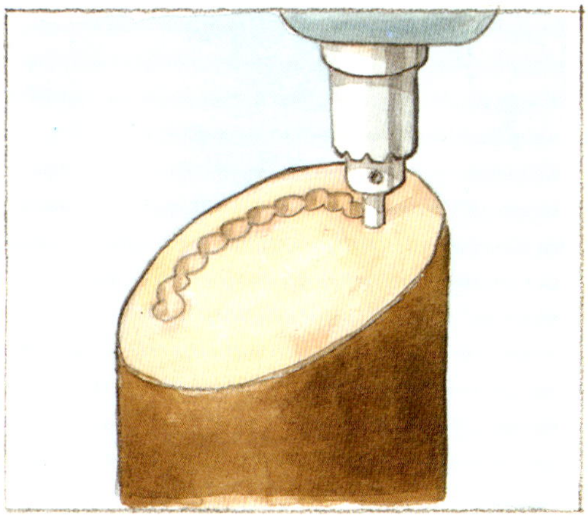

4 Dicht bei dicht werden nun 18 mm dicke Löcher so tief wie möglich in den Ast hineingebohrt. Man dreht den Ast um, hält ihn gut fest und bohrt nun von der anderen Seite. Immer genau senkrecht arbeiten, damit man nicht an der Seite herauskommt!

TIPP

Bei der Suche nach einem geeigneten Holzstück für diesen Nistkasten muss man auf möglichst geraden Wuchs und wenig Risse achten.

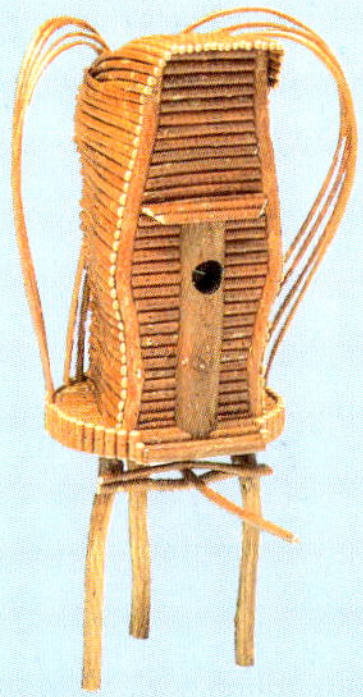

DIESES AUS SEHR FLEXIBLEM WEIDENHOLZ KONSTRUIERTE MODELL WIRKT MIT SEINEN „FLÜGELN" SEHR EXOTISCH UND BIETET VÖGELN EIN GERÄUMIGES HEIM.

5 Nun sägt man mit einer Handstichsäge entlang der gebohrten Löcher.

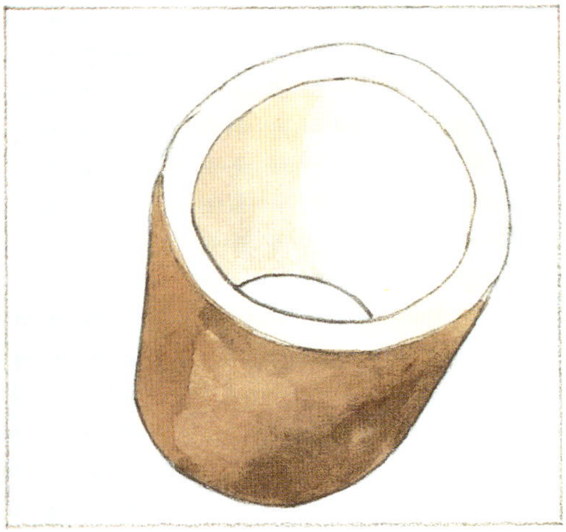

6 Man entfernt das Innere mit einem Stechbeitel und glättet den gesamten Hohlraum mit einer halbrunden Raspel.

7 Jetzt stellt man den Stamm auf ein Stück Papier und umfährt ihn mit einem Stift. So entsteht die Schablone für den Sperrholzboden.

8 Man fixiert das Papier auf ein 6 mm dickes Sperrholzbrett und sägt die Form aus.

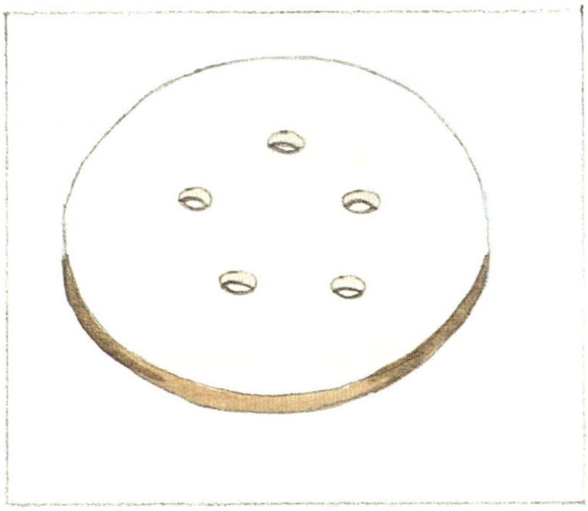

9 Fünf gleich groß gebohrte Löcher in der Sperrholzplatte sorgen dafür, dass Wasser abfließen kann.

10 Jetzt klebt und nagelt man die Sperrholzplatte als Boden an den ausgehöhlten Ast.

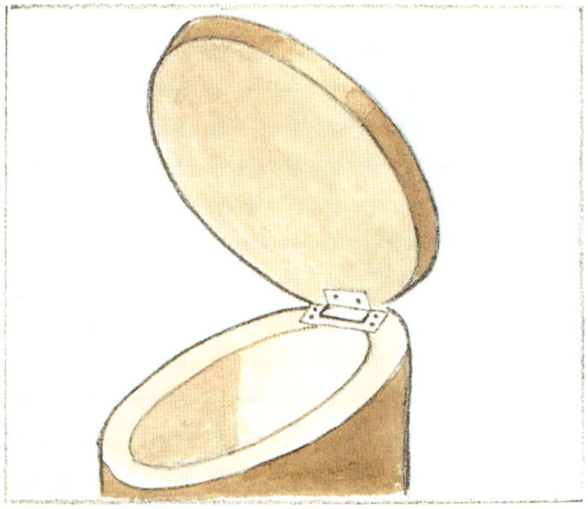

11 Mit Holzschrauben wird das Scharnier für das Dach an der höheren Seite des oberen Astendes angebracht.

12 Auf halber Höhe der Vorderseite schneidet man mit der Stichsäge ein 38 mm großes Flugloch.

13 Ein 15 mm breiter Ring aus 2 mm starkem Metall wird um die Öffnung genagelt.

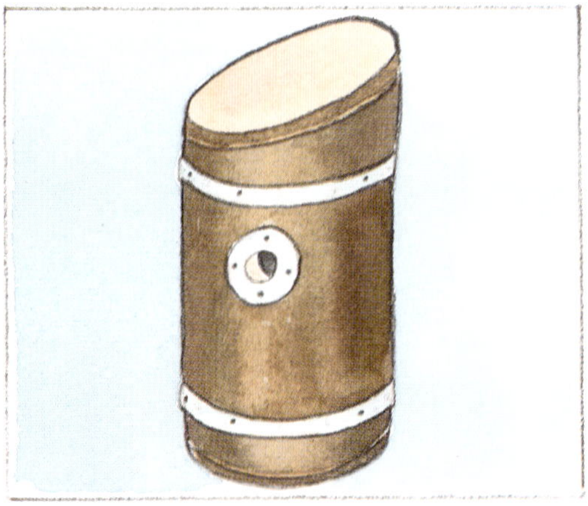

14 Zuletzt befestigt man die Metallbänder mit jeweils 4–5 Nägeln nahe dem oberen und unteren Ende des Nistkastens. Die Reifen halten das Häuschen zusammen, falls das Holz austrocknen und reißen sollte.

Wenn das Baumstammhäuschen fertig ist, streicht man es mehrere Male mit einem farblosen, für den Außenbereich geeigneten Holzschutzmittel ein. Jetzt kann man es in 2,5 m Höhe anbringen.

Hauptbestandteil dieser leicht nachzubauenden Futterstelle ist der schon etwas verwitterte Handstiel eines alten Spatens. Hier und auf dem unterhalb des Griffs angebrachten Sperrholztablett finden sich Scharen hungriger kleiner Vögel ein. Ein entzückender Anblick in jedem Garten. Das Tablett besitzt ein kleines Loch für ein Wasser- oder Futterschälchen. Durch den erhöhten Rand kann das Futter nicht herunterfallen.

Futtertablett

MATERIAL

- Ein quadratisches, birkenholzfurniertes Sperrholzbrett mit 35 cm Kantenlänge, 18 mm dick
- Für den Rand mehrere 30 x 25 mm Hartholzleisten, z. B. aus Eiche
- 25 mm dicke Eichenholzreste für die Stützen und eine kleine 6-eckige Manschette.
- 120 cm lange Weichholzdübelstange mit 30 mm Durchmesser
- Verzinkte Schrauben, 50 mm lang
- Holzleim
- Beize/ Holzschutzmittel für Außen
- Stiftnägel
- Wasserschälchen
- Schleifpapier

WERKZEUG

- Stichsäge
- Fuchsschwanz
- Fräse
- Hammer
- Anschlagwinkel
- Stellwinkel
- Zirkel
- Maßband und Stift
- Pinsel
- Bohrmaschine, Durchschläger und Bohrer
- Schraubenzieher
- Handhobel

EIGNUNG

Diese Futterstelle ist besonders beliebt bei Tauben, Amseln, Drosseln und anderen Vögeln, die normalerweise am Boden nach Futter suchen. Aber auch Meisen, Eichelhäher und Zaunkönige werden sich mit an den gedeckten Tisch setzen. Leider liegt es in der Natur der Sache, dass diese Art von Futterstelle sich meistens ziemlich dicht über dem Boden befindet. Es ist also außerordentlich wichtig, den gefiederten Freunden beim Fressen Schutz zu bieten. Im Garten sollte man eine zwar einsehbare aber nicht zu exponierte Stelle wählen, damit die Vögel jeden potenziellen Feind sofort bemerken. Den Fuß der Futterstelle verschalt man zusätzlich mit einem Stück rutschigem Metallrohr als „Räuberschutz".

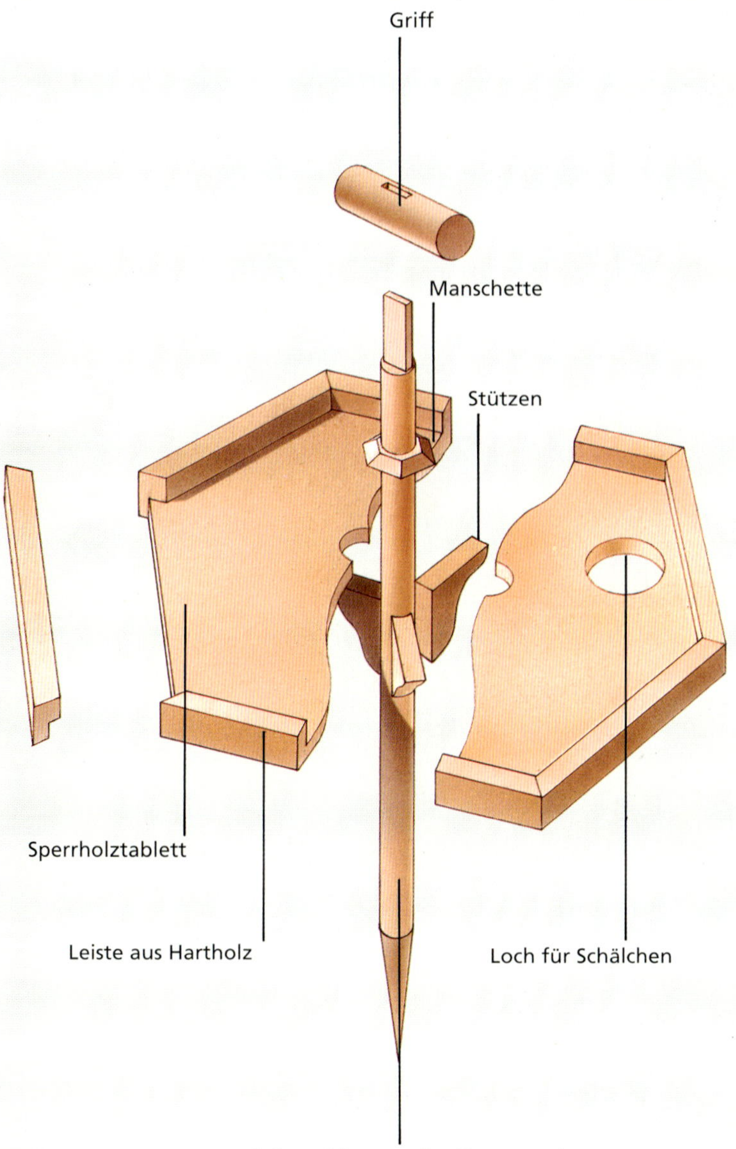

Die Explosionszeichnung zeigt, wie die einzelnen Bestandteile zusammengehören. Die genauen Abmessungen finden Sie auf Seite 110.

ARBEITSSCHRITTE

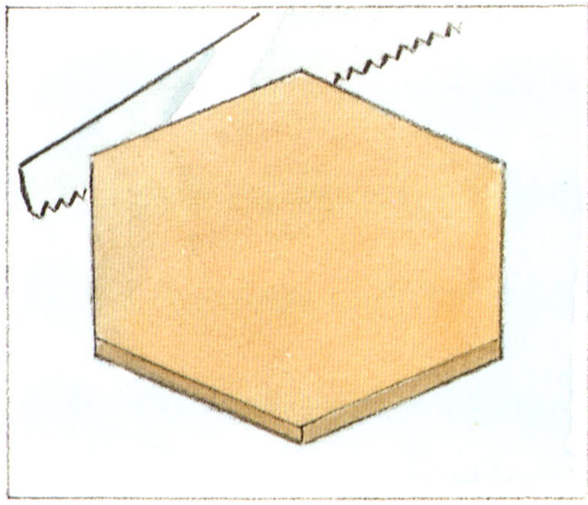

1 Zunächst schneidet man das Tablett nach der Vorlage auf Seite 110 zu oder legt mit einem Zirkel die gewünschte Größe fest und zeichnet die sechs Ecken an. Verbindet man die sechs Punkte, ergibt sich das Sechseck.

2 Dann fräst man mit einem geeigneten Aufsatz eine Nut in die Unterseite der Kanthölzer. Man kann auch einen Nuthobel benutzen oder gleich fertige Profilleisten kaufen. Die Enden schneidet man so auf Gehrung, dass sie sich den Ecken der Tablettform anpassen.

AUS EINER ALTEN MISTGABEL LÄSST SICH WUNDERBAR EIN FUTTERTABLETT MACHEN. MAN MUSS NUR DAS TABLETT ANBRINGEN UND DIE GABEL DANN EINFACH IN DEN BODEN RAMMEN.

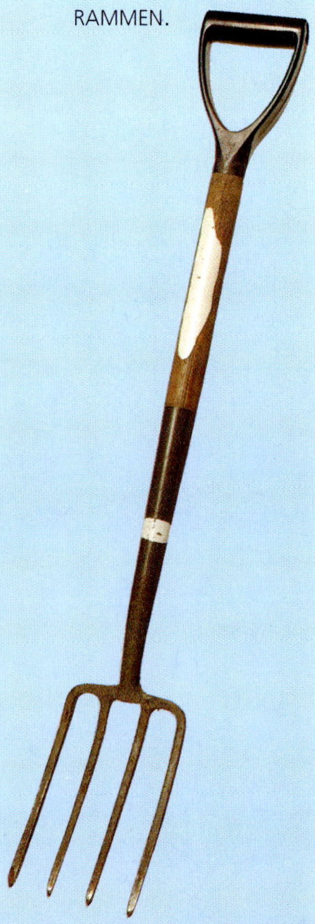

3 Die Leisten werden bündig zur Unterseite an den Tablettrand geklebt.

4 Man schneidet den Stiel zurecht und schnitzt das obere Ende zu einem Zapfen, der sich in die rechteckige Kerbe im Griff stecken lässt. Dann spitzt man das untere Ende zu.

5 Mit der Stichsäge wird ein Loch für das Schälchen gesägt.

6 Nun fertigt man sich nach der Vorlage eine Pappschablone und sägt aus den 25 mm dicken Holzresten drei Stützen. Jede Stütze bekommt zwei Löcher, durch die sie an den Stecken geschraubt wird.

7 Im oberen Bereich des Steckens werden längs drei plane Flächen zum Anschrauben der Stützen gehobelt.

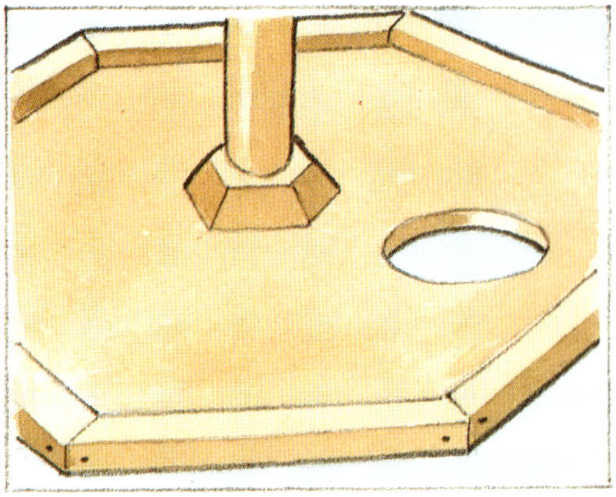

8 Aus einem Stück Eichenholz entsteht eine kleine 6-eckige, der Tablettform entsprechende Manschette. In der Mitte bekommt sie ein Loch, um sie über den Stecken zu ziehen.

9 Nun schiebt man Manschette und Tablett über den Stecken und verklebt sie an der Unterseite mit den Stützen.

10 Der Griff wird jetzt auf das obere Ende des Steckens geklebt und festgenagelt.

Bevor man die Spitze des Futtertabletts in den Boden rammt, sollte man sie mit Holzschutzmittel imprägnieren und lackieren.

WESENTLICH ELEGANTER ALS DAS BAUMSTAMMHÄUSCHEN IST DIESER AUS EINEM DICKEN AST MIT SEITENÄSTEN BESTEHENDE FUTTERBAUM. ES KANN SO VIELE FUTTERLÖCHER HABEN, WIE DER STAMM VERTRÄGT, OHNE DURCH DAS ANBOHREN ZU INSTABIL ZU WERDEN. MAN WÄHLE EIN HÜBSCH GEFORMTES STÜCK BAUMSTAMM MIT DICKEN ÄSTEN, IN DIE SICH GUT LÖCHER BOHREN LASSEN. DIESES VERZWEIGTE BAUMHAUS BRAUCHT NUR WENIG PLATZ UND PASST SICH AUCH GUT IN KLEINE, VON MAUERN UMGEBENE GÄRTEN EIN.

MATERIAL

- Ein dicker Ast oder Stamm mit mehreren Seitenästen
- 50 cm lange Dübelstange aus Hartholz, 9 mm dick
- Pro Futterloch ein kleines Gläschen mit 38 mm Durchmesser
- Holzschutzmittel für den Außenbereich

WERKZEUG

- Bohrmaschine
- 38 mm Flachbohrer
- 9 mm Flachbohrer
- Hohlmeißel
- Handstichsäge
- Holzhammer und alten Stechbeitel

FUTTERBAUM

EIGNUNG

Spechte und Kleiber suchen in der Natur Baumstämme und -äste nach Insekten ab. Diese Vögel werden sich also schnell an einem Baumhaus einfinden. Meisen, Spechte und Kleiber speisen gerne 1,2 bis 4,5 m über dem Boden. An Nägeln aufgehängte, halbe Orangen sind eine besondere Freude für Pirole und Spechte.

ARBEITSSCHRITTE

1 Wenn einen die grobe Rinde stört, kann man die Äste mit Hilfe eines alten Stechbeitels und eines Holzhammers vorsichtig entrinden.

2 Der Ast wird aufrecht angelehnt.

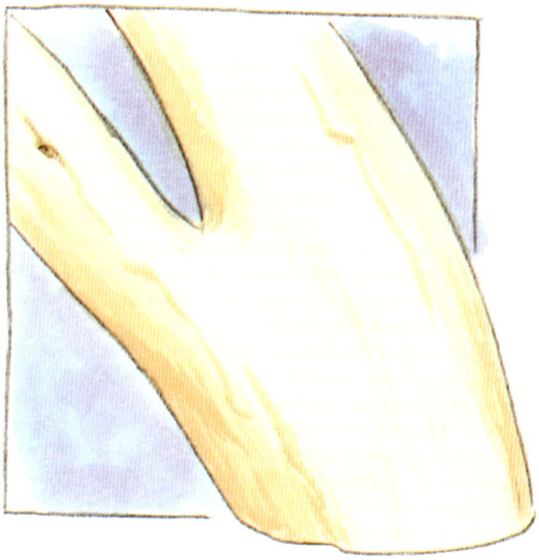

3 Am unteren Ende des Astes oder Stammes schafft man mit einer Handsäge eine waagerechte Standfläche. So bekommt der Ast größtmögliche Stabilität.

4 Die Löcher für die Futterschälchen bohrt man nur an solchen Stellen, die durch das Bohren nicht zu dünn werden.

5 Mit dem 38 mm Flachbohrer bohrt man die Löcher in den Stamm. Die Gläschen müssen darin gut fest sitzen, damit sie durch die Vögel nicht gelockert werden können.

EINFACHER NISTKASTEN HOCH OBEN AN EINEM BAUMSTAMM.

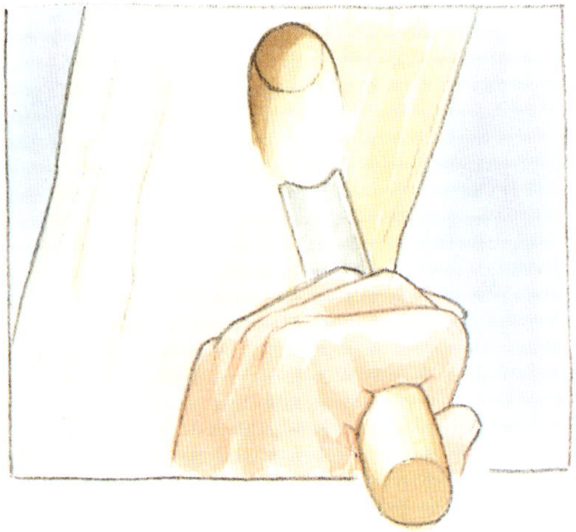

6 Jedes Loch wird vorsichtig mit einem Hohlmeißel verlängert, damit sich die Gläschen zum Füllen leichter herausnehmen lassen.

7 Unterhalb der Glaseinsätze bohrt man mit einem 9 mm Flachbohrer ein Loch, in das als Anflugstange ein 5 cm langes, 9 mm dickes Stück Dübelstange hineinpasst. Manche Äste haben auch eigene dünne Zweige, die man zurecht schnitzen kann.

8 Zum Schluss lässt man das Holz gut mit umweltverträglichem Holzschutzmittel ein.

Dieser verzweigte Futterbaum macht sich gut in kleinen Gärten, denn er braucht nicht viel Platz.

Der Kletteraffe wird aus MDF-Platten oder Sperrholz gemacht und wird mit Lederbändchen an einem Ast aufgehängt. Grundlage ist wie bei den Modellen „Stummer Gärtner" und „Eichhörnchen" (auf den Seiten 38 und 41) eine ausgesägte Figur. In der Körpermitte hat der Affe ein längliches Loch, in das ein Körbchen mit Nüssen gehängt wird. Drei Dübel dienen als Anflugstangen. Auf der Rückseite wird ein Schwänzchen angebracht. Der Kletteraffe baumelt hin und her und bringt ein wenig Dschungelflair in den Garten.

Kletteraffe

MATERIAL

- 30 x 60 cm große wasserfeste MDF- oder Sperrholzplatte, 25 mm dick
- Ein Paar dicke braune Schnürsenkel
- 40 cm lange Hartholzdübelstange
- Metallhaken und ein 30 cm langes, dickes Drahtstück
- 12 mm breites Lederbändchen
- Brauner Lack, Lasur oder Holzbeize für den Außenbereich, beige und schwarze Lackfarbe
- Schleifpapier

WERKZEUG

- Stich- oder Laubsäge
- Bohrmaschine
- Holzbohrer 8 mm
- Pinsel
- Stift
- Maßband

EIGNUNG

Dieses Modell ist so entworfen, dass man daran einen Futterkorb aus Draht aufhängen kann. Man kann aber auch ein Säckchen aus Maschendraht oder ähnlichem aus dem Gartencenter oder Tiergeschäft verwenden. Auf diese Weise dargebotene Sonnenblumenkerne und Distelsamen locken jede Menge kleiner Vögelchen, wie Spatzen und Finken an. Im Winter kann man ein Körbchen mit speziellem Fett oder Erdnussbutter aufhängen. Diese einfache Energiequelle dient den Vögeln als Ersatz für die Insekten, die sie das restliche Jahr über fressen. Es lockt interessante Gäste wie Kleiber, Eichelhäher, Spechte und Drosseln in den Garten.

Die Vorlage für dieses Modell finden Sie auf Seite 108.

ARBEITSSCHRITTE

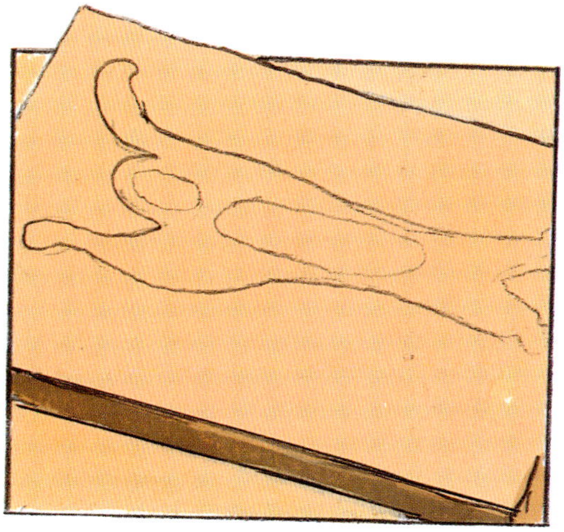

1 Zunächst paust man mithilfe der vergrößerten Vorlage von Seite 108 die Umrisse und die ovale Öffnung auf die MDF- oder Sperrholzplatte.

2 Dann sägt man mit einer Stich- oder Laubsäge die Umrisse aus. An jeder Ecke werden Löcher vorgebohrt, damit das Sägeblatt sich nicht in engen Kurven und Ecken verkantet.

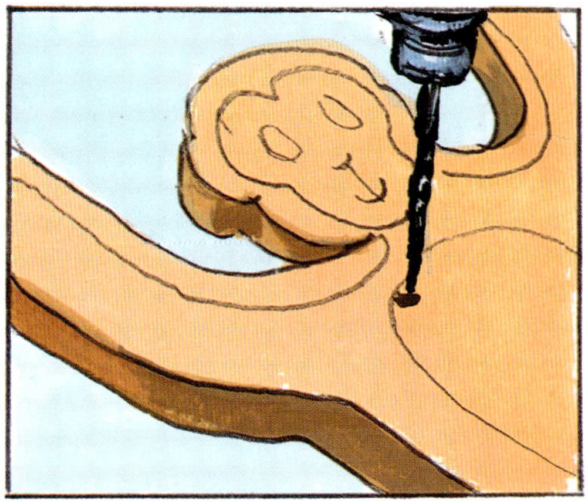

3 Man bohrt zusätzlich zwei Löcher für die Lederbändchen in die Hände, drei Löcher für die Anflugstangen, eine Mulde für das Schwänzchen und ein Startloch zum Aussägen des Bauchovals.

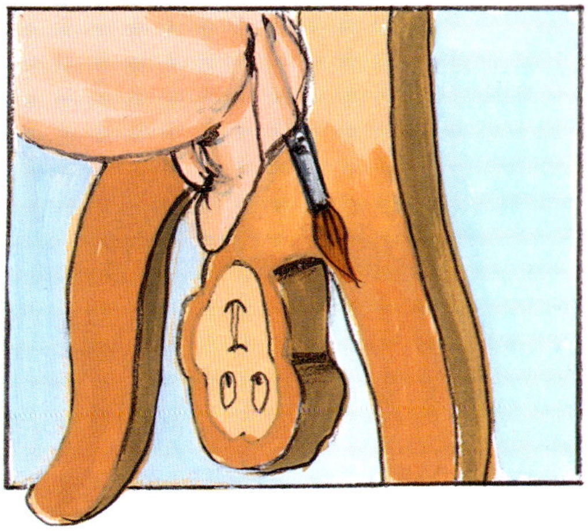

4 Dann werden alle rauen Kanten glattgeschmirgelt. Danach bekommt die Figur einen Anstrich mit dunkelbraunem Glanzlack, Beize oder Lasur. Nach dem Trocknen werden die Gesichtszüge mit beigem und schwarzem Lack aufgemalt.

5 Jetzt dreht man noch den Haken für das Futterkörbchen in die Öffnung, zieht die Lederbändchen ein und klebt die Anflugstangen an ihren Platz. Die Schnürsenkel werden umeinander gezwirbelt und an der Rückseite angebracht.

6 Den Affen hängt man mit den Lederbändchen an zwei Äste und befestigt das Futterkörbchen oder ein Netz Erdnüsse am Haken.

Es gibt kaum eine bessere Möglichkeit, den kleinen gefiederten Freunden Nüsse zu servieren, als mit diesem Kletteraffen, der in jeden Garten ein wenig Exotik bringt.

Diesen Minischuppen kann man gut an einer Wand des richtigen Gartenschuppens befestigen und so durch einen eingebauten „Türspion" die brütenden Vögel beobachten. Der Schuppen ist aus massivem Holz und hat ein flaches Schrägdach mit Filzauflage. Somit bleibt das Nest trocken und warm. Um die Bretterstruktur eines echten Schuppens zu imitieren, werden auf den Seitenteilen waagerechte Linien gezogen.

MATERIAL

- 1 m langes, 17,5 x 25 cm großes, gehobeltes Kiefernholzbrett
- 30 x 30 cm wasserfeste Sperrholzplatte, 3 mm dick
- 30 x 15 cm großes Stück Filz für das Dach
- Stiftnägel
- 18 mm lange Nägel
- Holzreste
- Holzleim
- Holzschutzmittel
- Schwarze Farbe
- „Türspion"
- Schleifpapier

WERKZEUG

- Lineal
- Anschlagwinkel
- Streichmaß
- Feinsäge
- 25 mm Raspel
- Vier große Schraubzwingen
- 24 mm und 12 mm Flachbohrer
- Bohrmaschine
- Hobel
- Ahle
- Kleiner Hammer
- Allzweckmesser
- Metalllineal

MINIATURSCHUPPEN

EIGNUNG

Nur kleine Vögelchen, wie zum Beispiel Zaunkönige, werden sich mit diesem Vogelhäuschen anfreunden. Man hängt es am besten in 1,5 bis 4,5 m Höhe am Rand einer Rasenfläche oder in Baumnähe auf und lauscht den hübschen Gesängen seiner Bewohner. Wenn man das Einflugloch auf 32 mm vergrößert, werden auch Meisen, Kleiber und vielleicht sogar einmal ein Specht angelockt. Man kann die Vögel beim Nestbau unterstützen, indem man ihnen Nistmaterial zur Verfügung stellt: Legen Sie in der Nähe des Nestes einen kleinen Haufen kurzer Zweige zurecht. Ein Körbchen mit 15 cm langen Fäden, Moos, Baumwollfetzen, Wolle und Haarbüscheln wissen die Vögel ebenfalls zu schätzen.

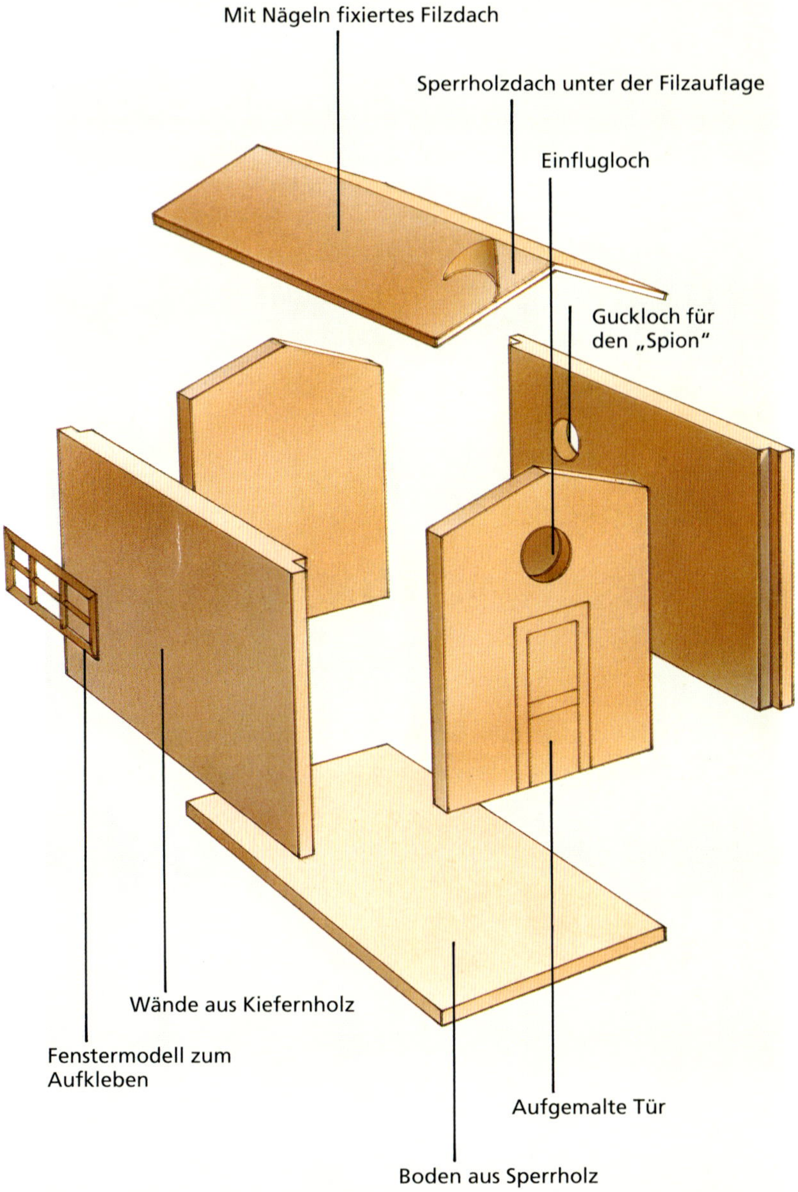

ARBEITSSCHRITTE

1 Zunächst sägt man vom Kiefernbrett mit der Feinsäge zwei 30 cm und zwei 15 cm lange Stücke ab.

2 Dann fixiert man die beiden kürzeren Stücke für Vorder- und Hinterfront, sägt die gewünschte Dachneigung zu und gleicht mit einem Hobel die Kanten an.

3 Mit einem Streichmaß werden an den langen Brettern Nuten angezeichnet.

4 Die Nuten sägt man mit einer Feinsäge auf ganzer Länge 23 mm tief ins Holz. Falls nötig arbeitet man noch mit Raspel oder Holzfeile nach. Die Nut sollte immer 2 mm tiefer sein als das Holz dick ist.

Die Explosionszeichnung zeigt, wie die Teile zueinander gehören. Genaue Maße der Einzelteile finden Sie auf Seite 111.

5 Auf den Seitenbrettern zieht man mithilfe eines Metalllineals und einer Ahle parallele Linien in gleichmäßigen Abständen.

6 Mit Bohrmaschine und Flachbohrer bohrt man das 25 mm große Einflugloch in das Brett an der Stirnseite sowie ein Guckloch in ein Seitenteil oder die hintere Wand, um die Vögelchen beobachten zu können.

7 Dann streicht man die Kanten mit Leim ein, setzt die vier Seiten zusammen und spannt sie in die Schraubzwingen ein. Bevor der Leim fest wird, sollte man die 90° Winkel mit dem Stellwinkel nachmessen.

8 Nun hobelt man Klebestellen und Seitenteile so zurecht, dass sie mit der Dachschrägung abschließen.

9 Raue Kanten und Oberflächen werden mit Schleifpapier mittlerer Körnung geglättet.

10 Mit einer Feinsäge schneidet man das 3 mm dicke Sperrholz in drei Teile: 30 x 15 cm für den Boden und zweimal 30 x 8 cm für das Dach.

11 Danach klebt und nagelt man die Sperrholzteile an den Rahmen aus Seitenwänden, Vorder- und Rückfront und glättet überstehende Kanten.

12 Jetzt wird der Filz aufs Dach geklebt und mit Nägeln fixiert. Überstehendes mit einem Messer sauber abschneiden.

13 Dann schneidet man aus den Holzresten 5 mm dünne Leisten zu: zwei mit 10 cm und drei mit 5 cm Länge.

14 Alle fünf Leisten ordnet man zu einem Fenster an und klebt sie auf der Seitenwand an.

Obwohl diese Vogelhäuschen eigentlich ganz klassische Modelle sind, kann man ihnen im wahrsten Sinne des Wortes einen „persönlichen Anstrich" geben. Diese hier erinnern an sonnige Frühlingstage.

15 Nun lässt man Seiten und Boden mit Holzschutzmittel ein.

16 Dann zeichnet man die Tür vor.

17 Damit Tür und Fenster sich besser abheben, werden sie schwarz nachgemalt.

18 Zum Schluss setzt man den Spion in die Seitenwand des Vogelhäuschens und fixiert es an die Stelle der Wand ihres echten Geräteschuppens ein, in die Sie ein gleichgroßes Loch vorbereitet haben.

Man kann das Vogelhäuschen wie hier in eine Astgabel stellen oder es an der Wand eines Geräteschuppens befestigen. Dann sollte es allerdings so weit wie möglich von der Tür entfernt angebracht werden, damit man die Vögel durch Hinein- und Hinausgehen nicht beunruhigt. Wenn man das Häuschen an einem Baum aufhängen möchte, lässt man das Guckloch in der Seite natürlich weg.

Die Idee zu dieser genialen Futterstelle ist jenen „Stummen Dienern" abgeschaut, die einst in den Gängen viktorianischer Villen als Briefablage üblich waren. Hier übernimmt ein Gärtner die Rolle des Dieners und hält den Vögeln ein Tablett mit Futter bereit. In einer ruhigen Ecke, wo die Vögel sich ungestört tummeln können, kann er richtig lustig aussehen. Im Grunde besteht er nur aus einer

Stummer Gärtner

ausgesägten, imprägnierten und angemalten Holzplatte. Er ist leicht und schnell herzustellen.

MATERIAL

- 1,22 x 1,22 m wasserfeste MDF-Platte, 25 mm dick
- 30 x 30 cm wasserfeste MDF-Platte, 18 mm dick
- 50 mm lange Messingschrauben
- Holzleim
- Wetterbeständiger Lack
- Holzschutzmittel für Außenbereich
- Schleifpapier

WERKZEUGE

- Stichsäge
- Handhobel
- Bohrmaschine, Durchschläger und Holzbohrer
- Schaber
- Anschlagwinkel
- Maßband und Stift
- Schraubenzieher
- Pinsel

EIGNUNG

Diese Futterstelle lockt viele verschiedene Vögel in den Garten. Anfangs reicht gemischtes Fertigfutter, obwohl ein paar zusätzliche Sonnenblumen- und Erdnusskerne sowie Hirsekörner nicht schaden können. Spatzen, Finken, Meisen und Kleiber lieben derartig präsentierte Sonnenblumenkerne. Man kann auch ein bisschen Banane für Goldammern, Eichelhäher und Amseln oder Rosinen für Rotkehlchen und Grasmücken auslegen. Apfelstückchen sind bei Drosseln, Finken und Spechten sehr beliebt.

ARBEITSSCHRITTE

1 Zunächst überträgt man die maßstabsgerechte Vergrößerung der Umrisse von der Vorlage auf Seite 109 auf die 25 mm dicke MDF-Platte.

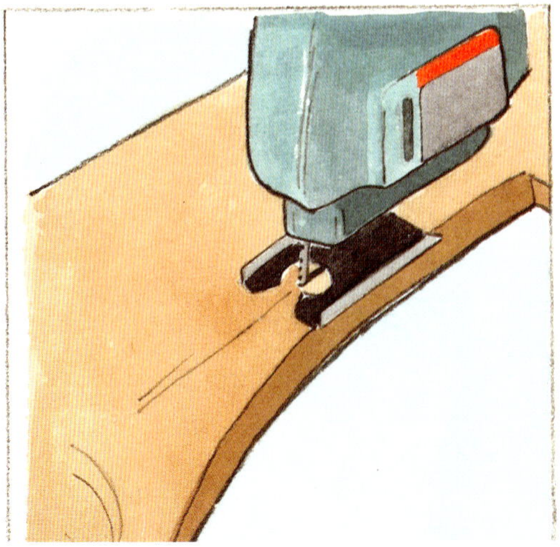

2 Dann sägt man mit der Stichsäge langsam und vorsichtig entlang der Linie. Ab und zu macht man einen Schnitt bis zum Rand, damit das Sägeblatt sich nicht an engen Stellen verkantet.

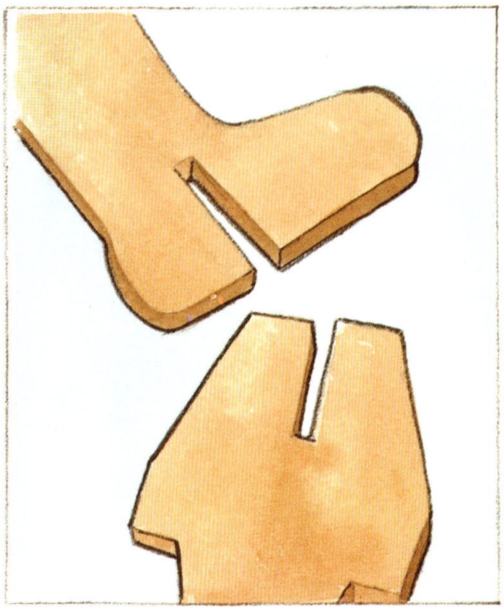

3 Der Dorn, mit dem die Futterstation in die Erde gerammt wird, entsteht aus dem Rest der dickeren MDF-Platte. Zunächst schneidet man eine Kerbe in den Fuß des Gärtners und oben in den Dorn. Beide Kerben müssen mittig, ca. 15 cm tief und 2,5 cm breit sein. Sie sollen sich mit leichtem Druck ineinander schieben lassen.

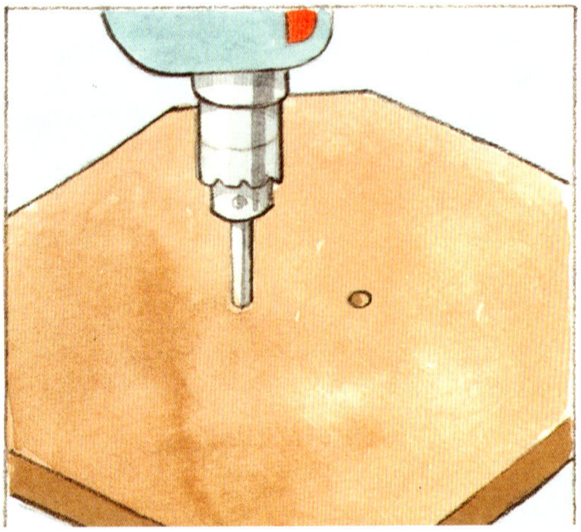

4 Dann macht man aus der 18 mm dicken MDF-Platte das Futtertablett. Damit es kompakter wirkt, werden die Ecken abgesägt. In die Mitte bohrt man zwei Löcher, durch welche das Tablett auf die Hand der Figur geschraubt wird.

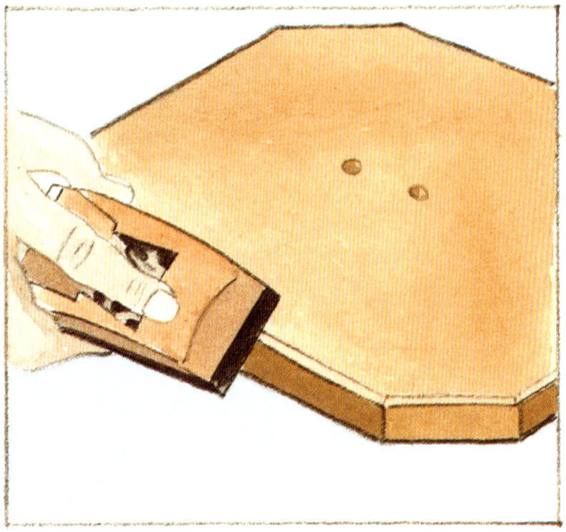

5 Die Oberkante des Tabletts wird rundherum mit einem Handhobel oder Schleifblock glatt geschliffen.

Auf dieser etwas ungewöhnlichen Halloween-Hexe können die Vögel sich zum Rasten niederlassen.

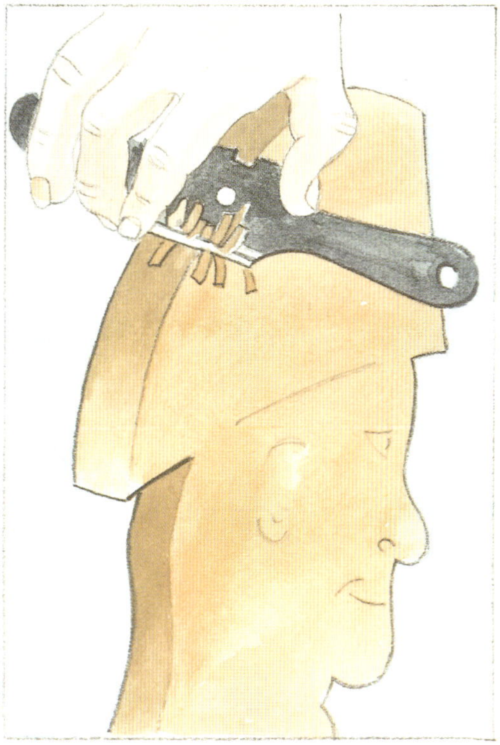

6 Mit einem Schaber werden alle Schnittkanten der Figur abgerundet und mit Schleifpapier die gesamte Oberfläche glatt geschmirgelt.

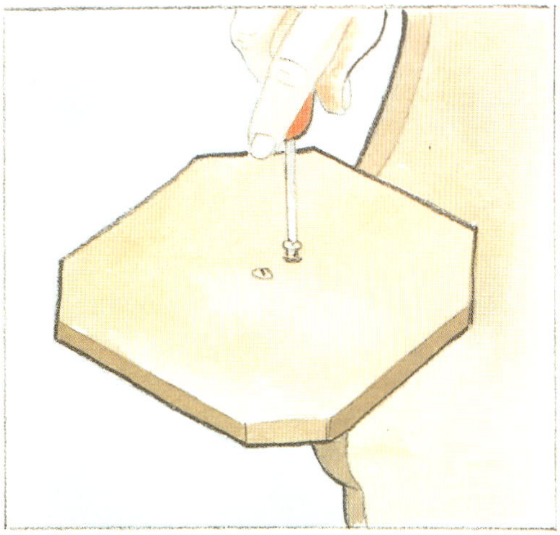

7 Dann klebt und schraubt man das Tablett auf der Hand an.

8 Zum Schluss malt man den Gärtner mit Matt- oder Glanzlack an, der für den Außenbereich geeignet ist, und imprägniert vor allem den Fußdorn mit Holzschutzmittel. Dann kann man ihn an seinen Platz stellen.

Die Vorlage für dieses Modell finden Sie auf Seite 109.

Der Stumme Gärtner ist in jedem Garten ein amüsanter Blickfang und dabei ganz leicht zu bauen.

Eichhörnchen

Eichhörnchen hamstern gerne das ganze Futter, dabei haben Vögel oft das Nachsehen. Unser Eichhörnchen kehrt zumindest optisch die Realität um: Es hält in seinen Vorderpfoten den Vögeln einen Tontopf mit Futter hin. Das Eichhörnchen ist wie der Stumme Gärtner auf Seite 38 eine zweidimensionale Figur aus MDF-Platte. Das „Futter-Eichhörnchen" kann an Bäumen, Pfosten oder Zäunen befestigt werden.

MATERIAL

- 50 x 35 cm große wasserfeste MDF-Platte, 25 mm dick
- 60 cm mit Kunststoff bezogener Draht, 3 mm Durchmesser
- 20 cm lange Dübelstange aus Hartholz, 10 mm dick
- Sandpapier
- Holzbeize
- Tontöpfchen, 75 mm Durchmesser
- Klebstoff zum Sprühen
- Großes Blatt Papier
- Farbe

WERKZEUG

- Stichsäge
- Bohrmaschine
- 10 mm Holzspiralbohrer
- 5 mm Holzspiralbohrer
- Schraubzwinge
- Grobe Feilen: halbrund und rund
- Feinsäge
- Kombizange
- Pinsel
- Seitenschneider

EIGNUNG

Diese Futterstelle macht sich an einer Wand oder an Baumstämmen in jedem Garten sehr hübsch. Es ist lustig, die Vögel zu beobachten, wie sie – in Umkehrung der traditionellen Rollenverteilung im Garten – einem Eichhörnchen quasi aus der Hand fressen. In den Tonbecher kommen neben Fertigfutter ein paar Leckerbissen für anspruchsvollere Vögel. Spechte und Kleiber klettern die Stämme rauf und runter und lieben Sonnenblumenkerne und ein wenig Fett. Eichelhäher haben es auf Erdnüsse abgesehen. Der relativ kleine Futterbecher muss unbedingt regelmäßig gesäubert werden!

ARBEITSSCHRITTE

1 Zunächst zeichnet man die Umrisse des Eichhörnchens mit Hilfe der vergrößerten Vorlage von Seite 125 auf ein Blatt Papier. Dann klebt man das Papier mit Sprühkleber auf die 25 mm dicke MDF-Platte.

2 Jetzt klemmt man die Platte so an der Arbeitsfläche fest, dass ein Teil über die Tischkante hinaussteht.

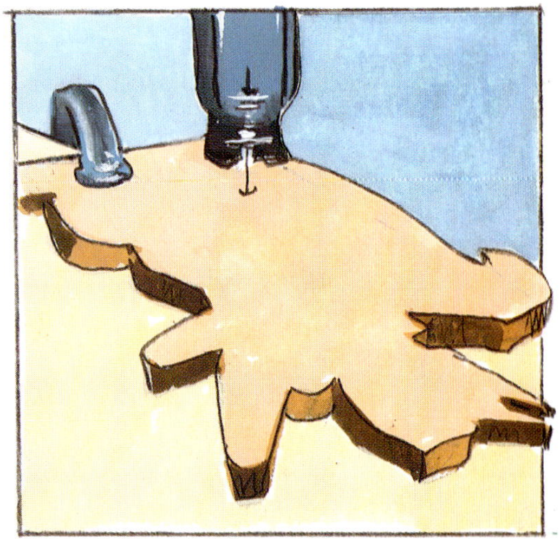

3 Die Umrisse werden mit der Stichsäge und einem feinen Sägeblatt ausgesägt.

4 Dann schleift man die Kanten glatt, sodass vom Sägen keine Spuren zurückbleiben.

5 Für die Dübel bohrt man mit dem 10 mm Holzspiralbohrer passende Löcher in Vorder- und Hinterpfote.

6 Dann schneidet man zwei 10 cm lange Stücke von dem 10 mm dicken Dübelholz für die Halteschlaufen.

7 Jetzt werden in den unteren Arm der Figur in 2,5 cm Abstand zwei 5 mm Löcher gebohrt.

8 Mit Seitenschneider oder Kombizange schneidet man zwei 30 cm lange Drahtstücke zurecht.

9 Mit der Kombizange biegt man einen Draht um einen stabilen, runden Gegenstand, der ungefähr die Größe des Tontöpfchens hat. Man dreht die Enden umeinander und schneidet die Drahtkordel bis auf ein 3 cm langes Stück ab. Mit dem zweiten Draht verfährt man genauso.

10 Nun legt man die Drahtschlaufen übereinander und steckt die Enden jeweils durch ein Loch.

11 Danach alles schön glatt schmirgeln und eine Schicht braune oder rote Beize auftragen.

12 Mit einem feinen Pinsel werden die Details aufgemalt.

13 Zum Schluss steckt man die beiden 10 mm Dübel an ihren Platz und befestigt das Eichhörnchen an einem Baum oder Zaun.

Diese Futterstelle verspricht unterhaltsame Stunden – besonders wenn sich freche Eichhörnchen einfinden, die den Vögeln das Futter streitig machen. Die Vorlage finden Sie auf Seite 125.

DIESE AUF ALLEN SEITEN OFFENE FUTTERSTELLE HAT EIN EDLES SCHINDELDACH AUS SICH ÜBERLAPPENDEN MASSIVHOLZLEISTEN, WAS EIN SCHÖNER KONTRAST ZUM WEISS GESTRICHENEN UNTERBAU IST. DIESER BESTEHT AUS VIER QUADRATISCHEN STÜTZPFOSTEN UND EINER RECHTECKIGEN BODENPLATTE. MIT DER LAUB- ODER STICHSÄGE WERDEN ZIERLEISTEN ALS

SCHWEIZER CHALET

DACHGIEBELSCHMUCK ANGEFERTIGT. IN EIN BODENLOCH KOMMT EIN KLEINES WASSERSCHÄLCHEN. DIESES VIELSEITIGE, HÜBSCHE FUTTERHÄUSCHEN KANN FREI STEHEN ODER AN DER WAND BEFESTIGT WERDEN.

MATERIAL

- 122 cm x 122 cm wasserfeste Sperrholzplatte, 12 cm dick
- 1,5 m Kantholz aus Weichholz 25 x 30 mm
- 3 x 3 cm Kantholz
- Weichholzleisten fürs Dach, 25 x 6 mm
- Weichholzleiste für den Giebelschmuck, 30 x 6 mm
- Sperrholzreste, 9 mm dick
- Stiftnägel
- Holzleim
- Sandpapier
- Beize/ungiftiges Holzschutzmittel für den Außenbereich
- Wetterbeständiger Glanzlack
- Wasserschälchen

WERKZEUG

- Fräs-, Nut- und Zierfräsaufsätze
- Stichsäge
- Bohrer
- Fuchsschwanz
- Handhobel
- Anschlagwinkel
- Maßband und Stift
- Hammer
- Pinsel

EIGNUNG

Dieses vielseitige Futterhäuschen bietet neben leckerem Körnerfutter auch noch ein Schälchen frisches Trinkwasser und wird dadurch schnell zum Treffpunkt aller Vögel in der Umgebung werden. Durch das Dach sind die Körner auch im Winter vor Regen und Schnee geschützt. Das Schöne an dieser Art Futterhäuschen ist, dass es alle möglichen Vögel anlockt – von Meisen, Finken und Spatzen über Eichelhäher und Spechte bis hin zu Tauben. Mit dem Futter kann man ein bisschen variieren. Es ist ein interessantes Experiment, das Fertigfutter nach und nach mit verschiedenen Leckerbissen anzureichern und zu beobachten, welche Vögel sich wofür interessieren.

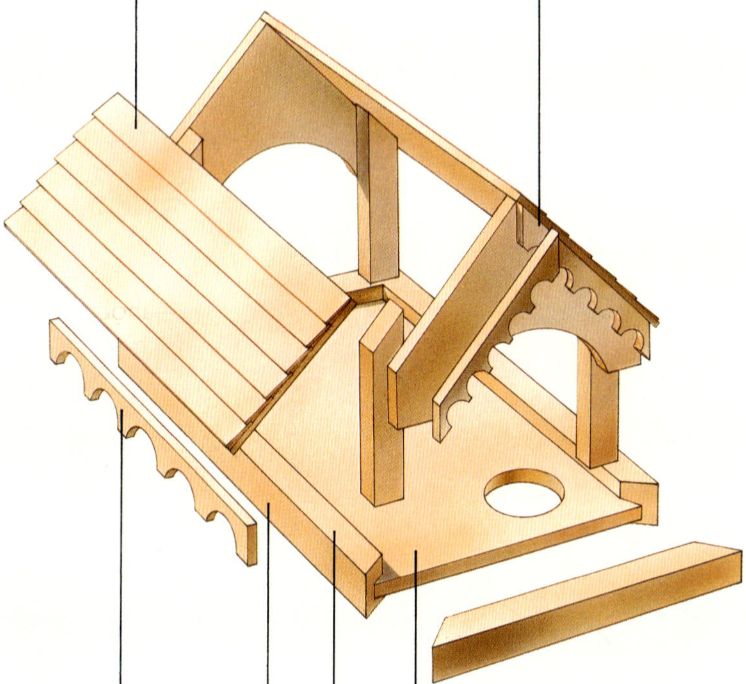

ARBEITSSCHRITTE

1 Zunächst schneidet man mit der Stichsäge den Sperrholzboden zurecht.

2 Mit einer Fräse oder einem Handnuthobel fräst man in die 30 x 25 mm Hölzer eine Nut hinein und schneidet die Hölzer für die Umrandung der Bodenplatte zu. Die Ecken werden auf Gehrung gesägt. Die obere Außenkante der Hölzer kann rund gehobelt oder mit der Fräse verziert werden.

3 Dann arrangiert man die Hölzer rund um die Bodenplatte und fixiert sie mit Leim und Nägeln.

Die Explosionszeichnung veranschaulicht, wie die einzelnen Teile zusammengehören. Die Abmessungen entnehmen Sie bitte der Vorlage auf Seite 112.

Unsere Vogelhütte lässt sich zur multifunktionalen Futterstation erweitern, indem man an seitlich angebrachten Nägeln Futtersäckchen oder -ringe aufhängt.

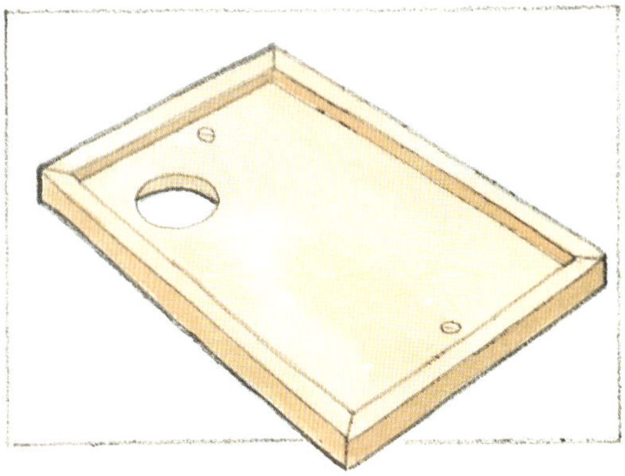

4 In den Boden wird ein Loch für das Wasserschälchen und an jedes Ende ein Abflussloch gebohrt.

5 Nach der Vorlage auf Seite 112 oder mithilfe einer Pappschablone werden die Umrisse der bogenförmigen Vorder- und Rückfront auf die Sperrholzplatte übertragen.

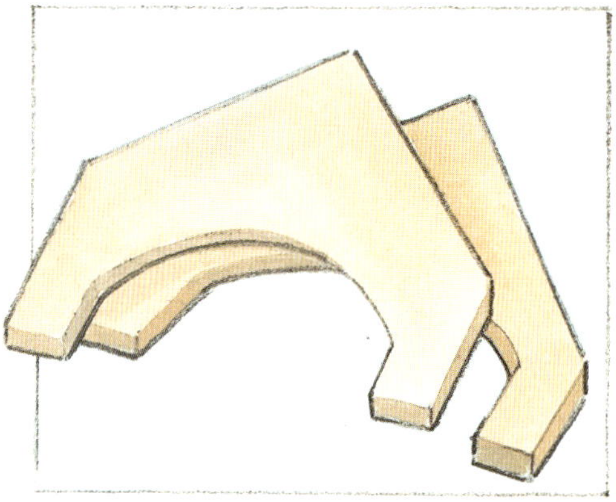

6 Zum Aussägen der Bogenform nimmt man eine Stichsäge.

7 Dann schneidet man aus den 3 x 3 cm Kanthölzern die vier Pfosten zurecht.

8 Aus Sperrholz werden die Dachlatten ausgeschnitten und mit den Pfosten und den beiden bogenförmigen Teilen zusammengesetzt.

9 Dann passt man zur Stabilisierung des Dachs von Innen eine geeignete Leiste ein.

10 Jetzt können kleine Zierleisten bündig zum Dach außen als Schmuck an die Pfosten geklebt werden.

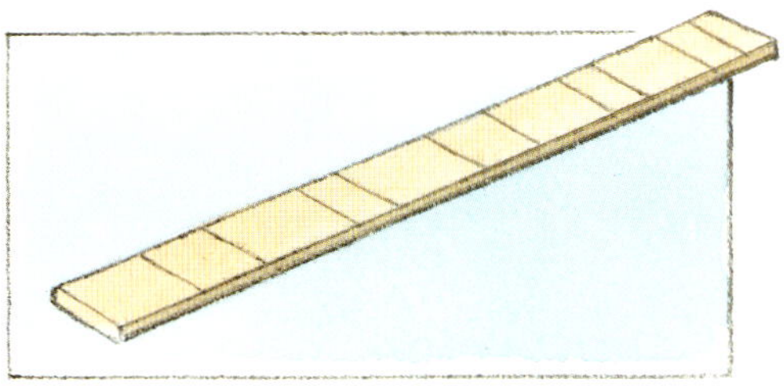

11 Zur Imitation von Dachschindeln sägt man die vorgesehenen Leisten an der Oberfläche in unregelmäßigen Abständen ein.

12 Die Schindelleisten werden aufs Dach geklebt und genagelt. Dabei richtet man die einzelnen Leisten parallel zueinander aus.

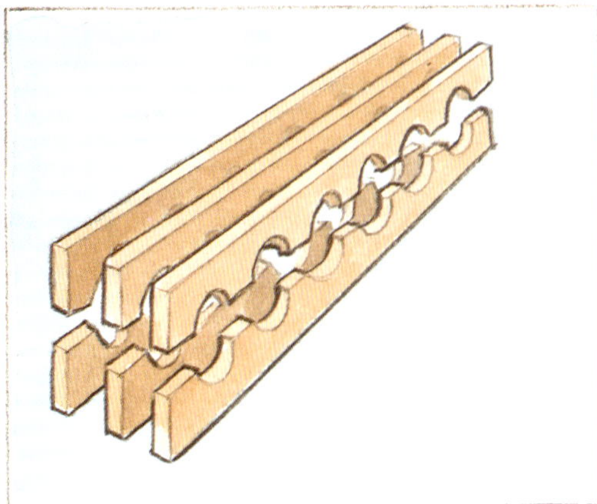

13 Für die Zierleisten überträgt man mit einer Pappschablone die gewünschte Anzahl Rundungen auf die vier Weichholzleisten. Alternativ kann man in ein Stück Weichholz (62 x 25 mm Querschnitt) in regelmäßigen Abständen 25 mm große Löcher bohren, das Holz mit der Handsäge längs halbieren und jede Scheibe quer dazu teilen, sodass vier Leisten mit halbkreisförmigen Aussparungen entstehen.

14 Zum Schluss klebt man an jeden Giebel ein rautenförmiges Holzstückchen.

Das fertige Futterhäuschen wirkt am besten, wenn Unterbau, Verzierungen und Fuß im selben Farbton gestrichen und die „Dachschindeln" braunrot gebeizt werden.

Dieses charmante Haus im typischen Stil amerikanischer Kleinstädte lebt von den liebevoll aufgemalten bunten Details. Die realistisch wirkende Holzvertäfelung entsteht, genau wie die Planken der Arche Noah auf der Seite 96, durch Einsägen. Fenster, Tür und Zaun werden aus Holzresten gefertigt und aufgeklebt. Gauben und Vordach runden das Ganze ab.

Country-House

MATERIAL

- 100 x 35 cm wasserfeste MDF-Platte, 15 mm dick
- 80 x 25 cm, wasserfeste Sperrholzplatte, 4 mm dick
- 15 cm langes Kantholz, 7,5 x 5 cm
- Nägel
- Holzleim
- Haftgrund, Lack
- Schleifpapier

WERKZEUG

- Stichsäge
- Handhobel
- Stellwinkel
- Bohrmaschine
- 30 mm Flachbohrer
- Feinsäge
- Schraubzwinge
- Hammer
- Allzweckmesser
- Pinsel
- Stift
- Stahllineal

EIGNUNG

Durch das 32 mm große Einflugloch ist dieser Nistkasten für eine ganze Reihe verschiedener Vögel, darunter Meisen und Kleiber, geeignet. Sie alle bevorzugen Nistkästen mit mindestens 10 x 10 cm Grundfläche und einer Tiefe von 20 cm. Das Einflugloch sollte sich in 15 bis 20 cm Abstand zur Bodenfläche befinden. Eine etwas geräumigere Box mit 38 mm großem Einflugloch zieht auch größere Vögel an. Hat das Loch 50 mm Durchmesser, kommt vielleicht sogar der eine oder andere Specht.

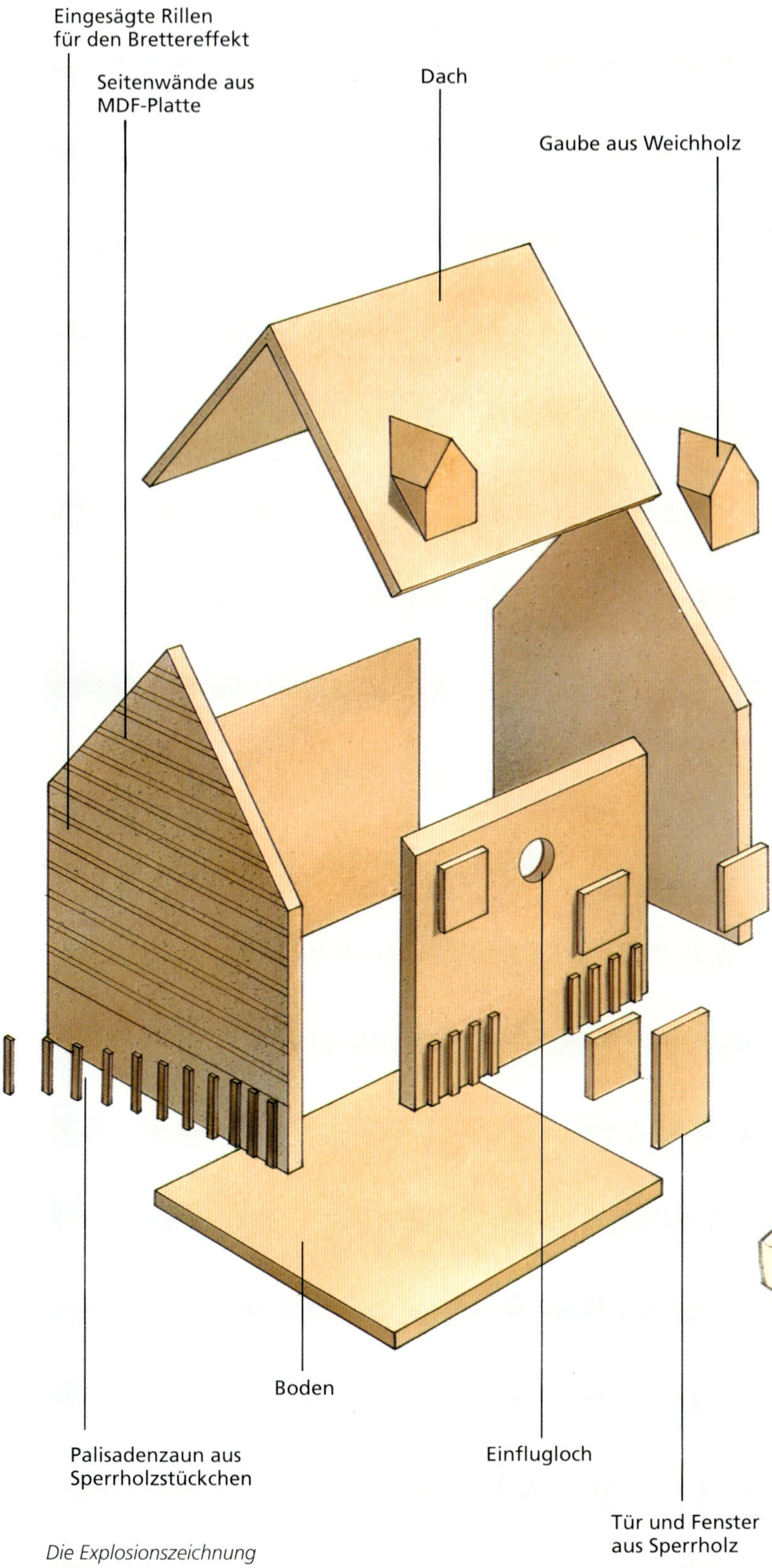

Die Explosionszeichnung zeigt, wie die einzelnen Teile zusammengehören. Genaue Abmessungen finden Sie auf Seite 113.

ARBEITSSCHRITTE

1 Zunächst werden Vorder-, Rückwand und Seitenteile mit der Stichsäge aus 15 mm dicker MDF-Platte nach der vergrößerten Vorlage von Seite 113 zugeschnitten. Ränder glatt hobeln.

2 Dann stellt man den Stellwinkel auf die Dachschräge ein und zeichnet diesen Winkel an Front- und Rückenplatte an. Die Kanten werden glatt gehobelt.

3 Dann markiert man auf der Frontplatte den geeigneten Platz für das Einflugloch und bohrt ein 30 mm weites Loch.

4 Mit einem Stift oder Messer zieht man auf allen Außenseiten des Häuschens parallele Linien im Abstand von 10 mm. Dann sägt man das Holz auf diesen Linien leicht ein. Zur Führung der Säge kann man ein altes, gerade geschnittenes Holzstück nehmen.

5 Nun werden Boden und Seitenteile zusammengeleimt und mit 30 mm langen Stiftnägeln fixiert.

6 Für das Dach schneidet man zwei Platten aus 4 mm dickem Sperrholz. Die Kanten mit dem Hobel glätten.

7 An einem Ende des 15 cm langen 5 x 7,5 cm (am Schluss nur noch 4,5 x 7,2 cm) messenden Weichholzklötzchens zeichnet man die Form der Gauben an. Überstehendes Holz wird abgehobelt.

8 Mit dem Stellwinkel legt man den Fenstergiebel fest und sägt die beiden Gauben auseinander.

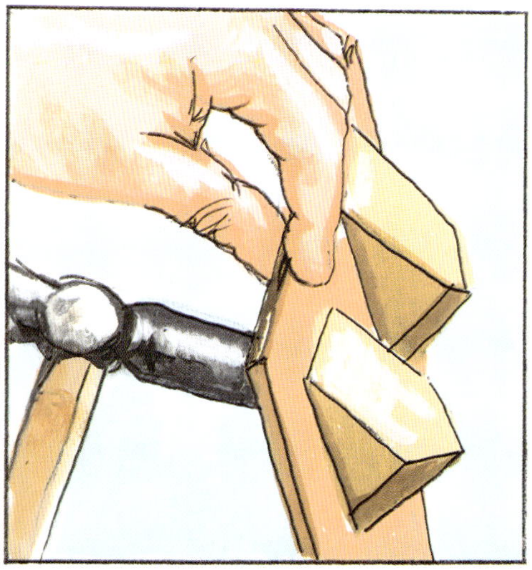

9 Dann klebt man die Gauben auf einem der Dachbrettchen fest und fixiert sie zusätzlich mit 15 mm Stiftnägeln.

10 Jetzt wird das Dach aufs Haus geklebt.

11 Auf die verbleibende Sperrholzplatte zeichnet man die rechteckige Tür, die quadratischen Fenster und die Zaunlatten. Alles wird ausgesägt und an den Kanten mit Schleifpapier geglättet.

12 Mit dem Messer ritzt man die Tür entlang eines Stahllineals in Längsrichtung ein. So entsteht der Brettereffekt.

13 Nachdem man das Haus sorgfältig mit Schleifpapier mittlerer Körnung geschmirgelt hat, klebt man Tür, Fenster und Zaun auf.

14 Dann trägt man eine Lage Haftgrund auf, schleift nochmal mit feinem Schleifpapier an und trägt dann den Lack auf.

Dieses Modell mit dem spitzen Dach ist von der Bauweise her dem Country-House sehr ähnlich. Es hat nur ein paar andere Details und ist zusätzlich regelrecht „in Szene gesetzt".

Das eigentliche Haus, Fenster und Dach werden mit geeignetem Lack in der gewünschten Farbe angestrichen. Dann trägt man mit einem feinen Pinsel und weißer Farbe die Sprossenfenster auf.

Diese Ranch aus Sperrholz hat ein tief heruntergezogenes Dach, das durch halbierte, aufgeklebte Rundhölzchen eine Schindel-Struktur bekommt. Rundherum führt eine schmale Veranda mit Stützpfosten, die das Dach tragen. Tür und Fenster werden aufgeklebt. Das ganze Häuschen steht auf einem dicken Pflock. Zur

Ranch

Stabilisierung wird von unten eine Verstrebung angeschraubt. In der Mitte der Veranda befindet sich ein kleines Wassertöpfchen.

Werkzeug

- Stichsäge
- Bohrmaschine
- 12mm Spiralbohrer
- 32 mm Flachbohrer
- Stellwinkel
- Hammer
- Feinsäge
- Stechbeitel
- Holzhammer
- Pinsel
- Schraubenzieher
- Hobel

Material

- 100 x 50 cm wasserfeste MDF-Platte, 15 mm dick
- 100 x 50 cm wasserfeste Sperrholzplatte, 3 mm dick
- 120 cm Hartholzdübel, 12 mm dick
- Gehobelter Weichholzblock mit Querschnitt 5 x 5 cm
- 10 cm Weichholzreste, 2,2 x 3 cm
- Schleifpapier
- Holzbeize für den Außenbereich
- Holzleim
- Stiftnägel
- Zwei 75 mm lange, verzinkte Senkholzschrauben
- Filmdöschen

Eignung

Wegen der eher schmalen Veranda werden sich an diesem Vogelhäuschen sicherlich nur kleine Vögel, wie Finken, Spatzen, Kleiber und Meisen hier einfinden. Spechte können zur Not an der Kante hängend nach den Körnern picken. Wie bei allen Futterstellen ist es auch hier wichtig Futterreste und Spelzen regelmäßig zu entfernen, damit nicht Insekten über sie herfallen oder Pilze und Bakterien sich ansiedeln, die bei den Vögeln zu Krankheiten führen könnten.

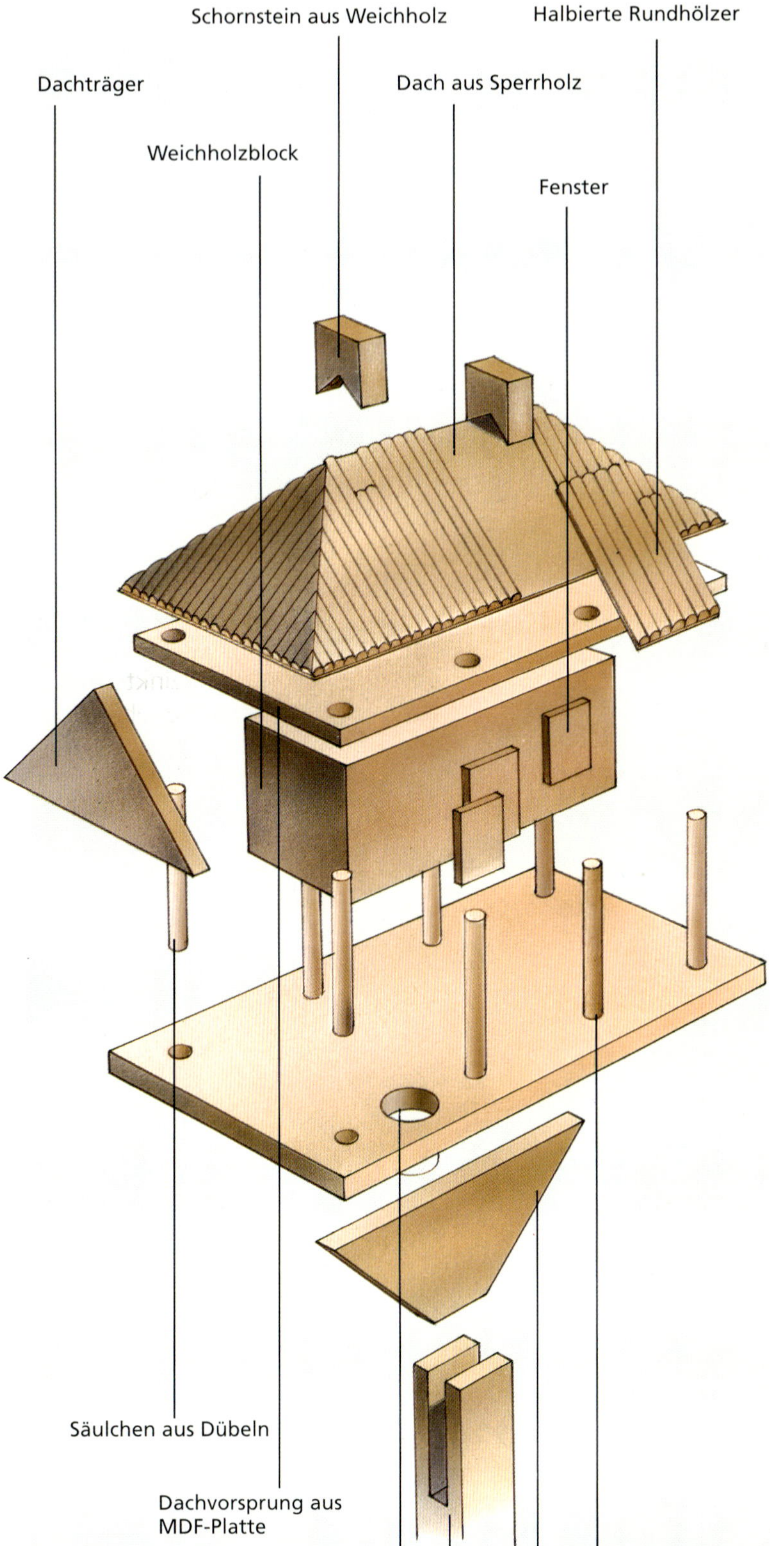

Die Explosionszeichnung zeigt, wie die einzelnen Teile zusammengesetzt werden. Genaue Abmessungen finden Sie auf Seite 114.

ARBEITSSCHRITTE

1 Zunächst zeichnet man auf die 15 mm dicke MDF-Platte den Dachvorsprung und Boden auf und sägt beide mit der Stichsäge aus. Die Kanten werden mit dem Hobel geglättet. Genaue Maße finden Sie auf Seite 114.

2 Dann zeichnet man auf der Bodenplatte in 32 mm Abstand zum Rand acht Löcher an, legt die Bodenplatte auf die Platte für den Dachvorsprung und bohrt durch beide acht 12 mm große Löcher.

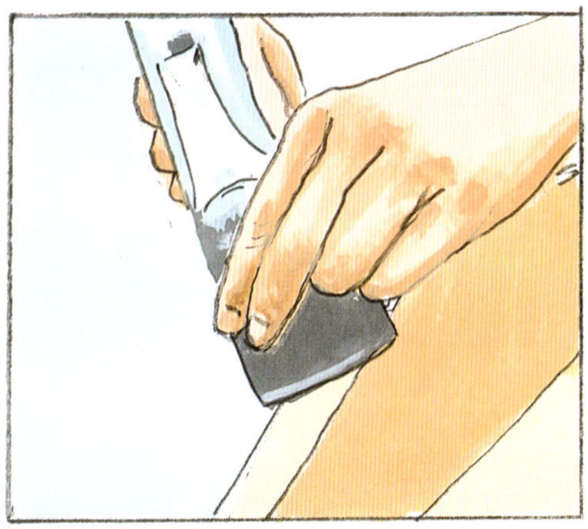

3 Mit einem Hobel bringt man die Kanten der Dachvorsprungplatte genau auf einen Winkel von 45°. Prüfen Sie das gewünschte Ergebnis mit dem Stellwinkel nach.

4 Mit der Bohrmaschine bohrt man ein 32 mm großes Loch für das Trinkwassertöpfchen (Filmdöschen) in die Bodenplatte.

5 Dann schneidet man aus 3 mm dickem Sperrholz Tür und Fenster zurecht. Sie werden auf eine Seite des 25 x 10 x 10 cm großen Weichholzblocks geklebt.

6 Mit der Feinsäge sägt man von der Dübelstange acht 13 cm lange Stücke ab. Der Weichholzblock wird mit Holzleim auf die Bodenplatte geklebt und genagelt.

7 Jetzt steckt man die acht kleinen Säulchen in die dafür vorgesehenen Löcher der Bodenplatte und des Dachvorsprungs und verklebt alles. Wenn der Leim trocken ist, werden überstehende Dübelenden abgehobelt.

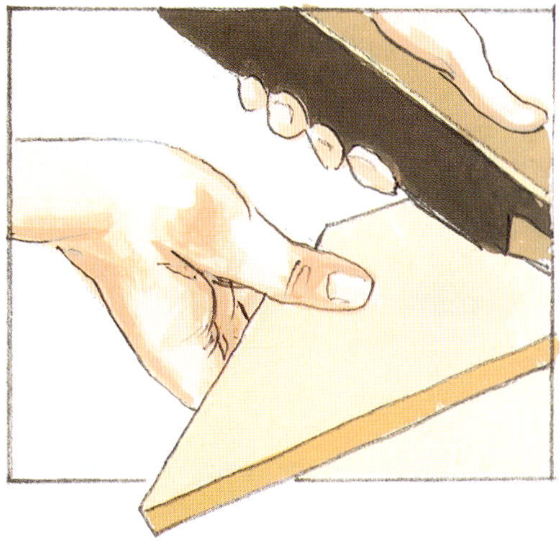

8 Dann schneidet man mit der Stichsäge aus der verbleibenden MDF-Platte zwei Dach- und eine Bodenverstrebung. Die Kanten glatt hobeln.

Dieses Modell ist der Nachbau eines echten Hauses und wurde aus Holz, Metall und Spiegelglas gefertigt und hinterher angemalt. Wenn man die Ranch als Modellhaus baut und nicht als Futterhäuschen auf einen Pfosten setzt, könnte sie ganz ähnlich aussehen.

9 Jetzt werden die Dachteile aus der 3 mm dicken Platte gesägt und zusammen mit den Dachverstrebungen angeklebt. Kanten glätten. Für die Schornsteine werden in zwei Weichholzstücke (40 x 30 x 22 mm) V-förmige Aussparungen mit 45° ausgesägt. Halbierte Rundhölzchen aufs Dach kleben.

10 Nun schneidet man einen 10 cm tiefen Schlitz in den Pfosten. Zunächst mit der Feinsäge vorsägen und den Schnitt dann mit dem Stechbeitel auf 1,5 cm Breite erweitern. Den Schlitz leimen und die Bodenverstrebung hineinstecken.

11 Wenn der Leim trocken ist, bohrt man in die Verstrebung des Pfostens zwei 5 mm große Löcher und schraubt sie von unten an den Boden.

12 Zum Schluss alles mit Schleifpapier schmirgeln und zwei Schichten Beize auftragen.

Statt Beize kann man auch ungiftigen, witterungsbeständigen Lack verwenden.

Wenn man den kleinen gefiederten Freunden etwas Stilvolles bieten möchte, ist dieses Landhaus mit dem hübschen Säulenportal genau das Richtige. Das dekorative Mauerwerk an den Ecken besteht aus gesägten Holzleisten. Das Dach ist mit grauem Filz beklebt.

Landhaus

MATERIAL

- 100 x 100 cm wasserfeste MDF-Platte, 12 mm dick
- 40 x 40 cm wasserfeste MDF-Platte, 18 mm dick
- 30 x 30 cm Sperrholzplatte, 3 mm dick
- 17,5 cm Hartholzdübel, 15 mm dick
- Graue Filzreste
- Stiftnägel
- Holzleim
- Schleifpapier
- Krampen
- Witterungsbeständiger, ungiftiger Lack

WERKZEUG

- Hobel
- Hammer
- Stichsäge
- Feinsäge
- Bohrmaschine
- 32 mm, Flachbohrer
- Hobel
- Handbohrer
- 18 mm Fostnerbohrer
- Stechbeitel
- Holzhammer
- Grobe Feile
- Pinsel
- Tacker

EIGNUNG

Dieses relativ große Vogelhäuschen lockt, je nachdem wie groß man das Einflugloch macht, jede Menge verschiedene Vögel an. Unser Modell hier hat etwa in der Mitte der Fassade ein Loch mit 32 mm Durchmesser. Somit bleibt im Inneren des Häuschens auch für größere Vögel, wie beispielsweise Spechte, viel Raum zum Nisten. Ein kleineres Einflugloch ist für Schwalben geeignet, ein noch kleineres für Spatzen, Meisen und Rotkehlchen. Hat man die Möglichkeit den Nistkasten am Waldrand zwischen Bäume zu hängen, richtet sich darin mit viel Glück vielleicht sogar ein Waldkäuzchen ein.

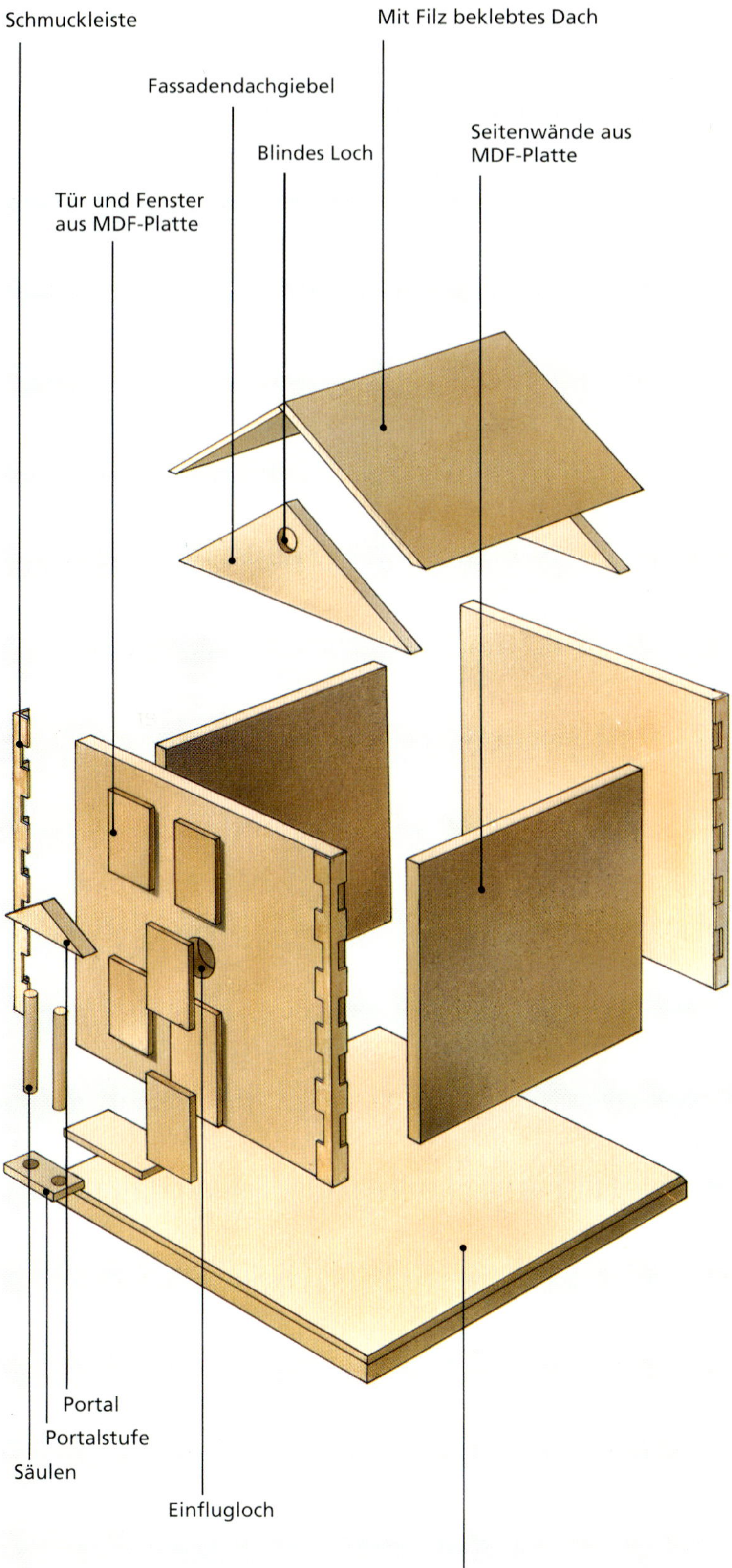

Die Explosionszeichnung zeigt, wie die Teile zusammengesetzt werden. Genaue Abmessungen finden Sie auf Seite 115.

ARBEITSSCHRITTE

1 Nach der vergrößerten Vorlage von Seite 115 werden zunächst Bodenplatte und Portal aus der 18 mm dicken MDF-Platte zurechtgeschnitten. Seiten-, Rück-, Vorderwand und Dach entstehen aus 12 mm MDF, Portalstufe, Fenster und Tür aus 6 mm MDF. Für die beiden Portalsäulen nimmt man die 15 mm Dübelstange. Mit der Stichsäge sägt man die Teile aus und hobelt die Kanten in einem zweiten Schritt exakt zurecht. Dübel mit der Feinsäge zuschneiden.

2 Dann zeichnet man das Einflugloch in die Vorderwand. Mit Bohrmaschine und Flachbohrer (32 mm) bohrt man das Loch.

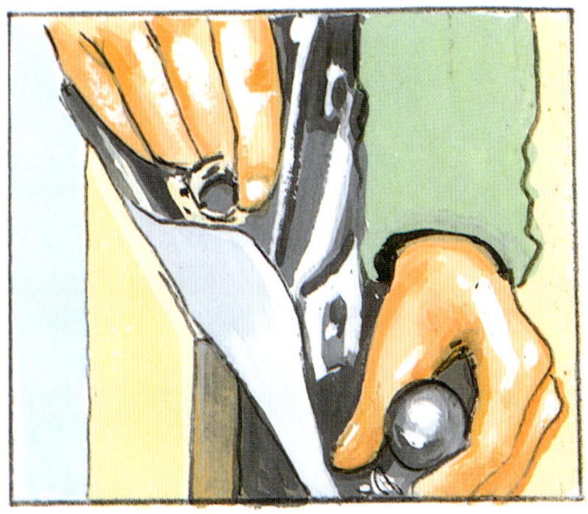

3 An drei Seiten der Bodenplatte werden die Kanten abgeschrägt.

4 Jetzt klebt und nagelt man alle Seitenteile mit dem Dach zusammen.

5 In den Giebel der Vorderfront bohrt man mittig mit einem Handbohrer und einem Fostner-Aufsatz ein 18 mm großes, blindes Loch (ein Loch, das nicht durchgeht). Eine Bohrmaschine ist schwer zu kontrollieren und würde leicht die Wand durchstoßen.

6 Nun schmirgelt man das Häuschen behutsam mit Schleifpapier mittlerer Körnung ab.

7 Aus der 3 mm dicken Sperrholzplatte schneidet man mit der Stichsäge und einem feinen Sägeblatt acht Streifen (1,8 cm 30 cm); Kanten mit dem Hobel glätten.

8 Zunächst zeichnet man in 3 cm Abständen die 9 mm tiefen (halbe Holzbreite) Zacken an. Dann schneidet man das Holz mit der Feinsäge ein und sticht die Zacken mit Stechbeitel und Holzhammer heraus. Unregelmäßigkeiten mit der groben Feile begradigen.

9 Dann streicht man die Leisten mit Leim ein und klebt sie an die Kanten hin. Mit einem leistungsstarken Tacker oder Nägeln fixieren.

10 Tür und Fenster anleimen und mit Krampen oder Nägeln fixieren.

11 Dann verklebt man Stufe und Dach mit den beiden Säulchen, schlägt von unten Nägel ein und setzt so das Portal zusammen.

12 Dann klebt man es an seinen Platz und fixiert es zusätzlich mit Nägeln.

13 Jetzt schneidet man den Filz mit dem Messer zurecht und tackert oder nagelt ihn aufs Dach.

14 Nun kann man Grundierung und Lack auftragen. Zwischen jeder Schicht mit feinem Schleifpapier gut zwischenschleifen.

15 Zum Schluss hebt man die Fenster mit einem feinen Pinsel und schwarzer Farbe hervor.

Wenn in diesem großen Häuschen verschiedene Vogelpaare nisten, ist das der Beweis dafür, dass man es artgerecht und komfortabel gebaut hat.

EIN ORIGINALGETREUER NACHBAU DES MOORE HOUSE IN YORKTOWN IM US-STAAT VIRGINIA. DIESES VOGELHÄUSCHEN HAT EINEN QUADRATISCHEN GRUNDRISS UND IST MIT VIEL LIEBE ZUM DETAIL GEBASTELT WORDEN.

Dieses hübsche, recht hohe Vogelhäuschen lockt mit seinen beiden unterschiedlich grossen Einfluglöchern auf zwei Ebenen sowohl kleine als auch grössere Vögel an. Für atemberaubendes Gerangel ist also gesorgt. Man kann das Häuschen aus MDF-Platten oder Sperrholz bauen und mit entsprechender Farbe witte-

MATERIAL

- 1 x 1 m wasserfeste MDF-Platte, 12 mm dick
- 46 cm Hartholzdübel, 6 mm dick
- 25 cm Kantholz mit 12 x 12 mm Querschnitt
- Stiftnägel
- Holzleim
- Verzinkte Senkkopfschrauben
- Schleifpapier

WERKZEUGE

- Feinsäge
- Stichsäge
- Anschlagwinkel
- 25 mm und 38 mm Lochsäge
- Fräse
- Nuthobel
- Schraubzwingen
- Hobel
- Bohrmaschine mit verschieden dicken Bohrern
- Bohrständer
- Hammer
- Schraubenzieher
- Pinsel

Neuenglisches Schulhaus

rungsbeständig machen. Der Brettereffekt ensteht durch die eingesägten Rillen in den Wänden.

EIGNUNG

Je nach Größe und Platzierung des Einfluglochs ist dieses Vogelhäuschen für verschiedene Vogelarten geeignet. Wenn man das Einflugloch 50 mm groß macht, ist es für Stare und sogar Spechte attraktiv. Ein etwas kleineres Loch von 38 mm ist für verschiedene Meisenarten und Haussperlinge interessant. Die Frage ist jedoch immer, ob man Sperlingen das Brüten in Nistkästen erlauben will, oder lieber auf einen selteneren Brutgast wartet. Falls man einen Specht anlocken möchte, was nur selten gelingt, muss man bedenken, dass bei diesen Vögeln das Zimmern der Bruthöhle naturgemäß zum Werbeverhalten bei der Partnersuche gilt. Man sollte ihnen deshalb im Kasten Holzstückchen bereitstellen.

Die Explosionszeichnung veranschaulicht, wie die einzelnen Teile zusammengehören. Genaue Abmessungen finden Sie auf Seite 116.

ARBEITSSCHRITTE

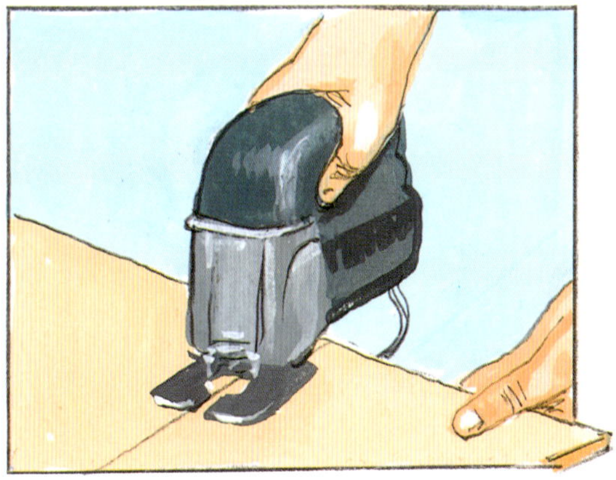

1 Zunächst überträgt man nach der Vorlage auf Seite 116 die Hauptbestandteile des Häuschens auf die MDF- oder Sperrholzplatte und sägt sie entlang der vorgezeichneten Linien mit der Stichsäge aus. Die Kanten glatt hobeln.

2 Dann fixiert man die Seitenwände mit Schraubzwingen an der Arbeitsplatte und zeichnet parallele, horizontale Linien vor. Mit der Feinsäge oberflächlich einritzen. Als Führungshilfe dient ein Stück Holz.

3 Für das Einflugloch spannt man die Platte in den Bohrständer ein, wobei ein Stück Holz untergelegt wird. Dann bohrt man mit einem passenden Bohrer. Mit der Oberfräse und einem Führungsschlitten schneidet man eine Stufe in die Öffnung.

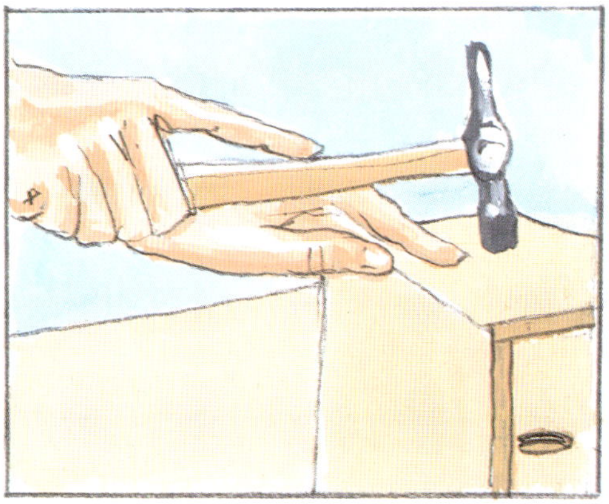

4 Jetzt werden alle Wände mit wasserfestem Holzleim zusammengeklebt und der Stabilität halber vernagelt. Dann setzt man das Dach auf, klebt und nagelt es fest.

5 Die Wände des Mansardenhäuschens werden aufgemalt, mit der Feinsäge ausgesägt und an den Kanten gehobelt. Das V-förmige Profil ganz akkurat aussägen.

6 Jetzt wiederholt man Schritt 3 für das Mansardenhäuschen und bohrt das Flugloch, klebt und nagelt alles zusammen.

7 Dann klebt man das Mansardenhäuschen auf das Haupthaus, nagelt sie von innen am Haupthaus fest und setzt dann das obere Dach auf.

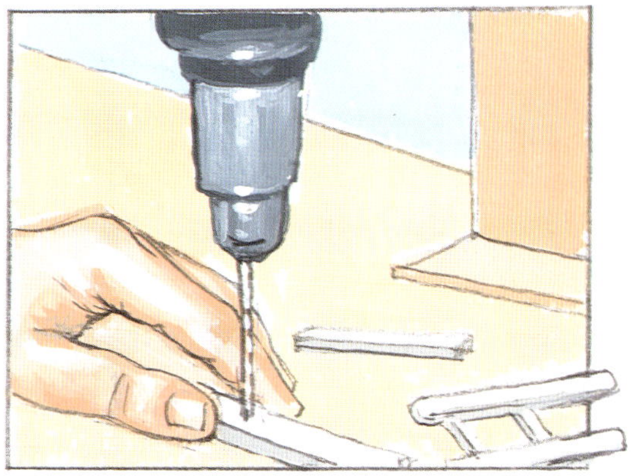

8 Für das Geländer schneidet man mit einem feinen Sägeblatt von der 6 mm dicken Dübelstange und dem 12 x 12 mm Kantholz Teile zurecht. In die kleinen Pfosten kommen 6 mm große Löcher für die Dübel.

Fast jedes Häuschen lässt sich durch Glockentürmchen, Türschild und Fahne in ein Schulhaus verwandeln. Natürlich wären die Schulklassen nur sehr klein und es stände wohl eher Fliegen als Schreiben und Rechnen auf dem Lehrplan.

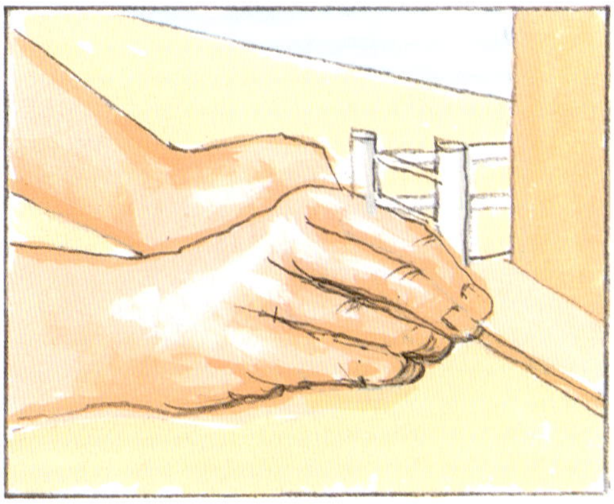

9 Alle Teile schön glatt schleifen. Dann das Geländer zusammensetzen, die Dübel fest einklopfen und alles an seinen Platz kleben.

10 Nun setzt man die Teile des Vogelhäuschens zusammen und verschraubt sie mit verzinkten Senkkopfschrauben.

11 Zum Schluss bekommt das Häuschen eine Grundierung und wird dann mit geeignetem Lack gestrichen. Matter Lack ist besser als glänzender, da er weniger reflektiert.

Dieser zweistöckige Nistkasten im Stil eines Schulhauses ist durch die zwei getrennten Nistbereiche für kleinere und größere Vögel gleichermaßen attraktiv. Mit viel Glück finden sich hier zwei Vogelpaare gleichzeitig zum Brüten ein.

Dieses Vogelhäuschen ist mexikanischen Kirchen nachempfunden und für Vögel gedacht, die breite Flugschlitze bevorzugen. Die grobe Putzstruktur lässt sich leicht herstellen. Traditionellerweise bekommt die Kirche einen pastellgelben oder rosafarbenen Anstrich. An Vorder- und Rückwand schmücken Zinnen, ein Kreuz und ein Glöckchen den rechteckigen

Pueblo-Kirche

Bau. Rumpf und Türen bestehen aus Sperrholz.

MATERIAL

- 75 x 75 cm wasserfeste Sperrholzplatte, 9 mm dick
- 50 cm Hartholzdübel, 9 mm dick
- Stiftnägel
- Haken und Öse aus Messing
- Weichholzreste
- Sand
- Holzleim
- Wetterfeste Farbe
- Schleifpapier

WERKZEUG

- Fuchsschwanz oder Kreissäge
- Bohrer
- 9 mm Spiralbohrer
- Laub- oder Stichsäge
- Hammer
- Maßband
- Anschlagwinkel

EIGNUNG

Dieses Modell lockt durch die Flugschlitze auf beiden Seiten Halbhöhlenbrüter, wie Grauschnäpper, Haus- und Gartenrotschwanz, Rotkehlchen und Zaunkönige an. Man sollte für das Häuschen ein abgelegenes Plätzchen in einer Astgabel oder in sicherer Höhe im Schutz einer Hecke suchen und es dort 2 bis 4,5 m über dem Boden platzieren. Wenn man die Öffnungen auf 25 x 10 cm vergrößert, wird das Häuschen auch für Vögel attraktiv, die statt einer Höhle ein ganz offenes Nest bevorzugen.

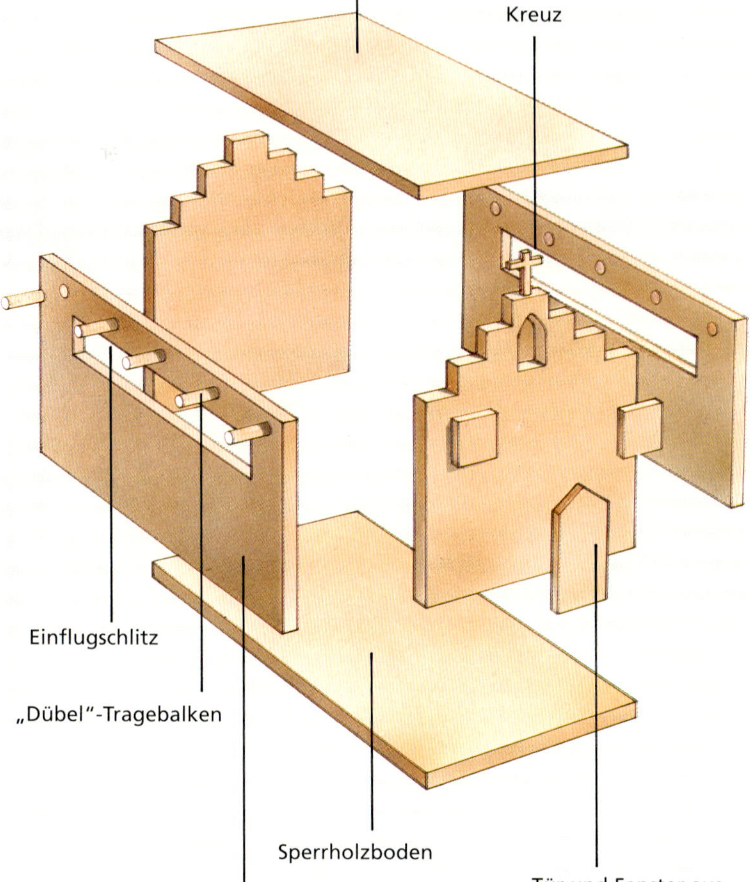

Die Explosionszeichnung veranschaulicht, wie die einzelnen Teile zusammengehören. Genaue Abmessungen finden Sie auf Seite 117.

ARBEITSSCHRITTE

1 Nach der Vorlage von Seite 117 werden Vorder- und Rückseite, Seitenwände, Boden und Dach auf die Sperrholzplatte übertragen und ausgeschnitten. Gerade Schnitte macht man mit einem Fuchsschwanz, die zinnenartigen Verzierungen sägt man mit einer Laub- oder Stichsäge aus.

2 Alle rauen Kanten werden mit Schleifpapier mittlerer Körnung geglättet.

3 Dann zeichnet man auf die beiden Seitenwände die Maße für die großen Schlitze auf 28 x 3,8 cm. Mit dem Bohrer bohrt man in zwei Ecken ein Loch, um die Stichsäge einführen zu können.

4 Die Schlitze werden mit der Stichsäge ausgeschnitten. Als Führung befestigt man dazu ein Stück Holz an der Sperrholzplatte.

5 In die Bodenplatte bohrt man 12 Abflusslöcher.

6 An beiden Seitenplatten werden über den Schlitzen die Positionen der Dübel angezeichnet.

7 Beim Bohren der Löcher für die Dübel legt man Holzreste unter.

8 Nach der Vorlage zeichnet man auf der Vorderfront die Nische für das Glöckchen an.

9 In eine Ecke des Glockenfensters bohrt man wie in Schritt 3 ein Ansatzloch für die Stichsäge.

10 Nach den in der Vorlage angegebenen Maßen sägt man Fenster und Tür für die Front aus.

11 Dann klebt und nagelt man Tür und Fenster an ihren Platz.

Diese kleine Kapelle ist als Vogelhäuschen genauso gut geeignet, obwohl sie mit ihrem eher konventionellen Zugang natürlich ganz andere Vögel anlockt als Modelle mit seitlichen Schlitzen.

12 **Nun** bestreicht man aufeinanderstoßende Kanten mit Leim, setzt die Teile zusammen und fixiert sie zusätzlich mit Stiftnägeln.

13 Die sichtbaren Oberkanten der Seitenwände werden mit Schleifpapier geglättet.

14 Dann schneidet man von der 9 mm dicken Dübelstange zwölf 4 cm lange Stücke ab.

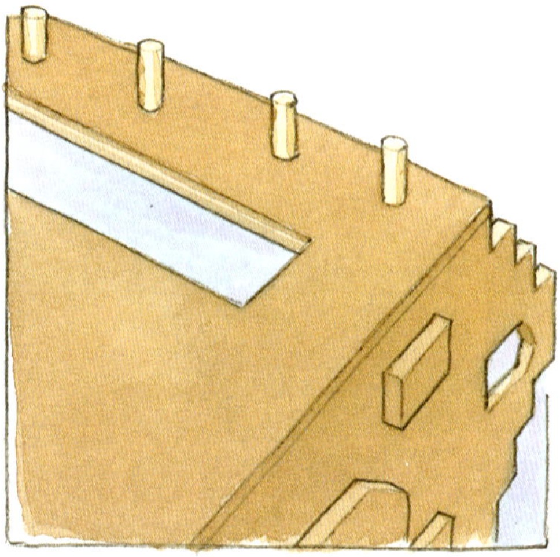

15 In jedes seitliche Loch kommt ein Dübel. Die Dübel dienen innen als Dachauflage.

16 Nach der Vorlage malt man die Umrisse des kleinen Sperrholzkreuzes auf und sägt es mit der Laub- oder Stichsäge aus.

17 Dann zwickt man zwei Stiftnägeln die Köpfchen ab und befestigt mit den Stiften das Kreuz von unten an einer der beiden obersten Zinnen.

Die Pueblo-Kirche ist eine ausgefallene Variante des herkömmlichen Vogelhäuschens mit Einflugschlitz. Dieses Häuschen hier ist aus Zedernholz, man kann aber auch ebenso beständiges, einheimisches Lärchenholz nehmen.

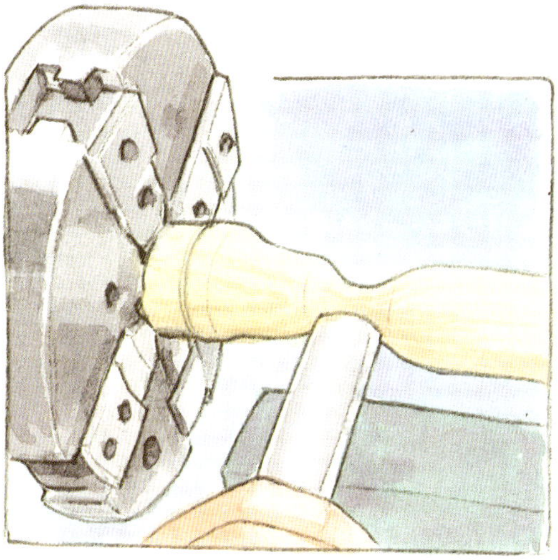

18 Die Glocke schneidet man nach der Vorlage aus einem Stück Weichholz. Man kann sie auch an der Drehbank drechseln.

20 Dann streicht man Seitenwände und Dach mit stark verdünntem Leim ein. Kurz bevor er trocken ist, verteilt man auf den Flächen eine gleichmäßige Schicht Sand.

19 Mit Haken und Öse wird das Glöckchen im Giebel der Vorderfront befestigt.

21 Dann kann man das Häuschen mit Farbe anmalen.

Ein filigranes Futtertablett in neugotischem Stil.

Die raue Oberfläche dieses Nistkastens malt man am besten in Pastellgelb oder Rosa, den traditionellen Farben der Pueblo-Kirchen an. Jede andere Farbe ist natürlich auch erlaubt. Obwohl sich das Dach sehr gut zum Auslegen von Futter eignet, sollte man stets bedenken, dass dies andere Vögel vom Nisten abhält.

Dieses hübsche Fachwerkhaus wirkt mit seinem Reet gedeckten Dach ein wenig antik und altehrwürdig und passt sich hervorragend in Bauerngärten ein. Es besteht aus einem Holzrahmen, auf den die Balkenimitate aufgeklebt werden. In dem kleinen Vorbau befindet sich das

Fachwerkhaus

einflugloch. Die wenigen Fenster sind ebenfalls Attrappen und werden aufgeklebt.

MATERIAL

- 1,20 x 1,20 cm wasserfeste MDF-Platte, 6 mm dick
- Etwa 12,5 x 25 cm wasserfeste MDF-Platte, 9 mm dick
- Hartholzleisten für das Fachwerk, 10 x 10 mm und rechteckiges Stück Holz für die Tür (10 x 7,5 cm)
- Dachfilz
- Holzleim
- Witterungsbeständige Farbe
- Stiftnägel
- Schleifpapier

WERKZEUG

- Stichsäge
- Bohrmaschine
- Hammer
- Allzweckmesser
- Anschlagwinkel
- Maßband und Stift
- Hobel
- Pinsel

EIGNUNG

Dieses Vogelhäuschen mitsamt seinem Einflugloch ist so beschaffen, dass Vögel nur in dem kleinen Vorbau nisten können. Es eignet sich also daher nur für verschiedene Arten kleinerer Vögel. Am günstigsten für Meisen und Zaunkönige steht dieser Nistkasten an relativ offenen Stellen, aber in der Nähe von Bäumen.

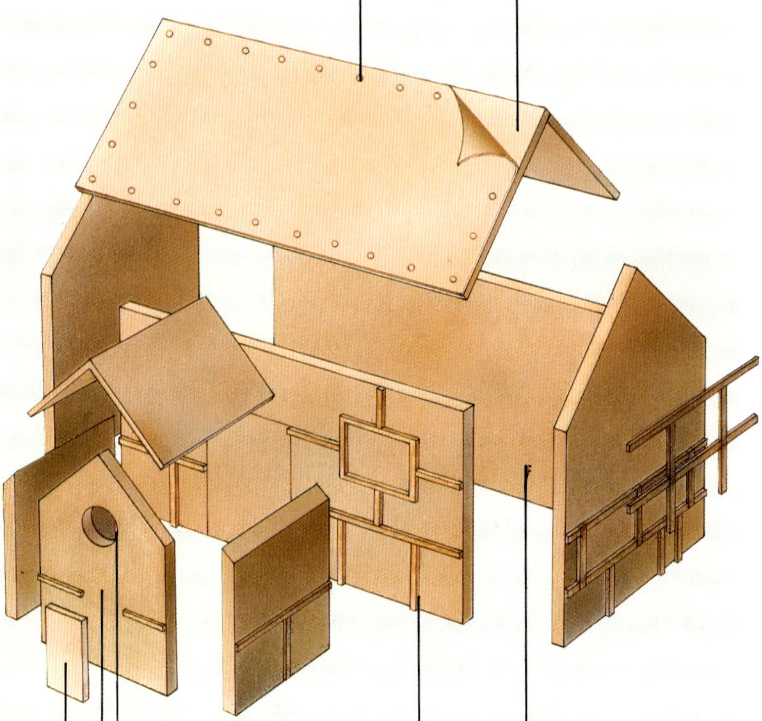

Die Explosionszeichnung veranschaulicht, wie die einzelnen Teile zusammengehören. Genaue Abmessungen finden Sie auf Seite 118.

ARBEITSSCHRITTE

1 Alle Bestandteile des Haupthauses nach der Vorlage von Seite 118 auf die 6 mm dicke MDF-Platte übertragen. Rechte Winkel dabei mit dem Anschlagwinkel kontrollieren. Auf den 9 mm dicken MDF-Platten werden die beiden Seiten des Vorbaus angezeichnet.

2 Beim Ausschneiden der Teile darf man, falls man größere Vögel anlocken möchte, die Öffnung zwischen Vorbau und Haupthaus nicht vergessen. Das Einflugloch kommt in die Vorderfront des Vorbaus.

3 Boden und Seitenteile des „Haupthauses" werden zusammengeklebt, mit Stiftnägeln fixiert und beiseite gestellt. Zuvor sollte man noch alle 90° Winkel nachmessen.

4 Die Oberkanten von Vorder- und Seitenwänden des Vorbaus werden abgeschrägt.

5 Nun leimt man die Seitenwände des Vorbaus ans Haupthaus und fixiert sie jeweils mit zwei Stiftnägeln.

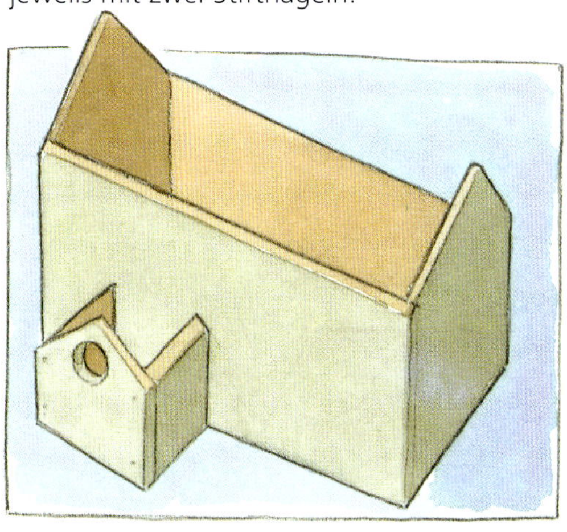

6 Bevor man das Haus in der gewünschten Farbe anmalt, klebt und nagelt man die Vorderhausfront an ihren Platz. Der Anstrich sollte einen Farbton haben, der mit Lehm beworfenes Flechtwerk oder Kalkfarbe nachempfunden ist.

7 Jetzt bringt man die Dächer des Vor- und Haupthauses an. Dabei überlappt am First ein Dachteil das andere, sodass ein ordentlicher Abschluss entsteht.

8 Nun nagelt man den Filz aufs Dach und schneidet ihn so ab, dass er genau mit den Kanten der MDF-Platte abschließt. Die Stiftnägel sollten in 2,5 cm Abständen stehen.

Reet gedeckte Vogelhäuschen erwecken den Eindruck von ländlicher Idylle und der „guten alten Zeit"

9 Im letzten Arbeitsschritt wird aus kleinen Hartholzstückchen das Fachwerkimitat angebracht. Bevor man die „Balken" zurecht schneidet, werden mit dem Messer die Kanten abgeschrägt. Auf die Eingangstür kommen ganz dünne Holzstreifen.

10 Zum Schluss malt man die Balken schwarz und zeichnet mit einem feinen Pinsel in die sich ergebenden Felder Fenster ein.

Dieses Fachwerkhäuschen „aus der guten alten Zeit" wirkt besonders hübsch in Bauerngärten zwischen Blumenrabatten und üppigen Heckenrosen. Als Reetdach fungieren zusammengeklebte und mit Draht umwickelte Reisigbündel.

Dieses elegante Vogelhäuschen ist perfekt symmetrisch konzipiert. Die drei kleinen Türmchen bestehen aus Massivholz, das für die Spitzdächer pyramidenförmig gefräst wird. Der klassizistische Stil setzt sich in den grossen rechteckigen Fenstern und dem Säulenportal mit vorspringendem Dach fort. Im Giebel des Eingangsportals befindet sich das Einflugloch. Durch den weissen Anstrich wird der koloniale, herrschaftliche Eindruck perfekt.

MATERIAL

- 50 x 50 cm wasserfeste MDF-Platte, 18 mm dick
- 30 x 30 cm wasserfeste MDF-Platte, 6 mm dick
- 20 x 3 x 3,5 cm großes Stück Weichholz
- 15 x 3 x 4,5 cm großes Stück Weichholz
- 25 cm Hartholzdübel, 22 mm dick
- Holzleim
- Stiftnägel
- Schleifpapier
- Witterungsbeständige Farbe

WERKZEUG

- Anschlagwinkel
- Stichsäge
- Hobel
- Hammer
- Feinsäge
- Ahle
- Stechbeitel
- Bohrmaschine
- 32 mm Flachbohrer
- Pinsel
- Stift

Südstaaten-Villa

EIGNUNG

Wie fast bei allen Vogelhäuschen bestimmt auch hier die Größe des Einfluglochs, welche Vögel sich zum Brüten einfinden. Aufgrund seines großzügigen Innenraums ist dieser Nistkasten für verschiedene Vogelarten geeignet. Das Einflugloch hat mit 38 mm eine kritische Größe, bei der man gerade noch mit dem Einzug von Staren rechnen muss. Möchte man diese Vögel nicht in seinem Garten als Nistgäste haben, sollte man das Einflugloch etwas kleiner machen.

Die Explosionszeichnung veranschaulicht, wie die einzelnen Teile zusammengehören. Genaue Abmessungen finden Sie auf Seite 119.

ARBEITSSCHRITTE

1 Zunächst überträgt man auf die 18 mm-MDF-Platte den äußeren Boden (35 x 19 cm), den inneren Boden (29,5 x 13 cm), die beiden Seitenwände (29,5 x 13 cm) und Vorder- und Rückseite (13 x 19,5 cm) des Vogelhäuschens. Die Giebel an Vorder- und Rückseite haben einen Winkel von 90°. Man schneidet großzügig mit der Stichsäge und hobelt dann bis zur Zeichenlinie.

2 Drei Kanten der Bodenpatte werden mit dem Hobel abgeschrägt und dann mit Schleifpapier geglättet.

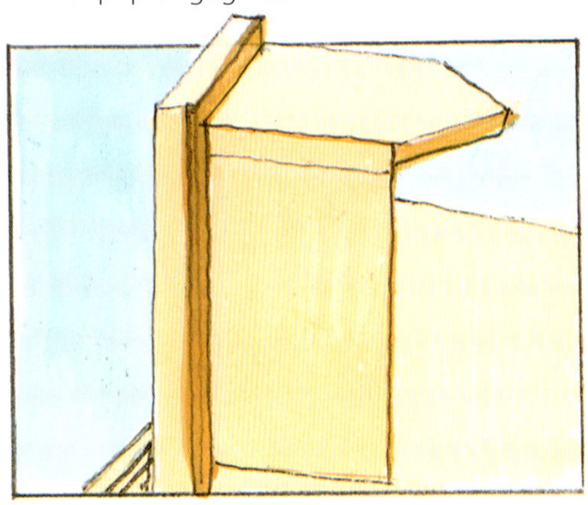

3 Die drei Teile verleimen und zusammennageln.

4 Wenn der Leim getrocknet ist, werden unschöne Überstände geglättet.

5 Nun zeichnet man die beiden Dachteile auf die 6 mm dicke MDF-Platte, sägt sie aus und hobelt sie exakt auf 11 x 31 cm zurecht. Dann werden Teile aufs Haus geklebt und mit Nägeln fixiert.

6 Jetzt zeichnet man auf 6 mm dicke MDF-Platte die vier Quadrate (3,5 x 3,5 cm) für Säulenkapitelle und -basen an. Ausgesägt werden sie mit der Feinsäge. Dann schleift man die Kanten schön glatt. Die Mitte liegt im Schnittpunkt der Diagonalen und wird mit der Ahle markiert.

7 Von der 22 mm dicken Dübelstange schneidet man mit der Feinsäge zwei 11,5 cm lange Stücke ab. Dann klebt man die kleinen Quadrate jeweils an die Enden der Säulchen.

8 Die Kanten der Säulenkapitelle und -basen werden mit einem Stechbeitel abgeschrägt.

9 Aus der restlichen MDF-Platte schneidet man die Tür (5 x 8 cm) und vier Fenster (1,8 x 7,2 cm). Zunächst klebt und nagelt man nur die Tür an ihren Platz. Die Fenster kommen später dran.

10 Für den Portalgiebel schneidet man aus den Resten der 18 mm-MDF-Platte ein Dreieck. Die Kanten werden glatt geschmirgelt. Dann bohrt man in der Mitte mit der Bohrmaschine und einem 32 mm Flachbohrer das Einflugloch. Das Lochinnere sorgfältig aushöhlen und glätten.

11 Nun leimt man den Portalgiebel an und fixiert ihn mit Nägeln.

12 Für das Portaldach schneidet man aus der 6 mm-MDF-Platte zwei 8,5 x 10 cm große Teile aus, leimt sie an ihren Platz und fixiert sie mit Nägeln.

13 Nun die Fenster ankleben und mit Nägeln fixieren.

Dieser traditionelle Taubenschlag sitzt auf einer klassizistischen Säule. Die Säule ist in jedem Garten nicht nur ein Blickfang, sie hält durch ihre glatte, rutschige Oberfläche auch jegliche Nesträuber von den Vögeln fern.

14 Aus den zwei Weichholzblöcken werden die Türmchen geschnitten. Man braucht zwei 9 cm lange Stücke für die dünneren und ein 12,5 cm langes für das dickere Türmchen. Dann zeichnet man die V-förmigen Aussparungen an und sägt sie mit der Feinsäge heraus, sodass die Klötzchen perfekt auf den Dachfirst passen. Auf halber Höhe markiert man die Stelle, an der mit der Feinsäge eine Stufe geschnitten wird.

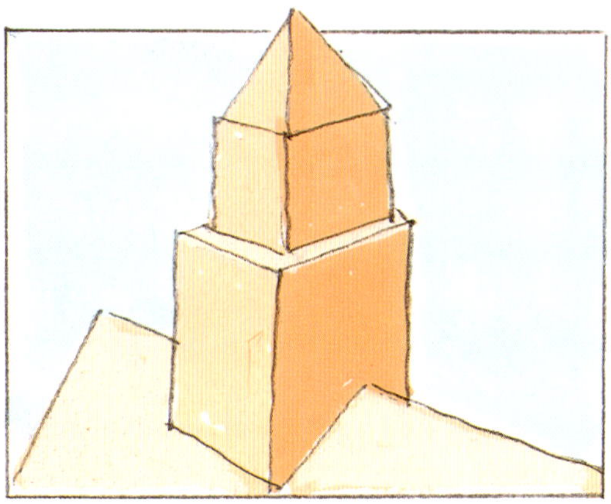

15 Dann sägt man die Spitze zu und klebt und nagelt die Türmchen aufs Dach.

16 Am Ende wird alles mit Schleifpapier mittlerer Körnung schön glatt geschmirgelt.

Zum Schluss kann das Häuschen in jeder beliebigen Farbe angemalt werden.

Dieses Vogelhäuschen im klassischen Windmühlendesign dient zugleich als Futterstelle. Es kann in beliebiger Höhe auf einen dicken Holzpfosten montiert werden, der – als Schutz gegen vierfüssige Räuber – unten mit Alublech verschalt ist. Das oberste Fenster dient als Futteröffnung und ist mit Maschendraht geschützt. Zwei Anflugstangen fixieren die Flügel der Windmühle, und verhindern damit, dass sie einen der gefiederten Gäste verletzen. Das Dach lässt sich zum Nachfüllen des Futters aufklappen.

MATERIAL

- 60 x 120 cm wasserfeste Sperrholzplatte, 9 mm dick
- 30 x 30 cm wasserfeste Sperrholzplatte, 6 mm dick
- 15 x 15 x 2,5 cm großes Stück Kiefernholz
- 10 cm Dübelstange, 6 mm dick
- Plastikschälchen mit 7,5 cm Durchmesser
- 8 x 10 cm verzinkter Maschendraht
- Schälchen mit 9 cm Durchmesser
- Vier 18 mm Senkkopfschrauben
- Stiftnägel
- Krampen
- 50 mm Schrankscharnier, verzinkt und passende Schrauben
- Holzleim
- Schleifpapier
- 18 mm langer Dübel, 25 mm dick (oder alter Besenstiel) für den Abstandhalter
- Eine brünierte Rundkopfschraube, 50 mm
- 15 x 15 cm Bleiblech für die Dachverkleidung
- Grundierung
- Außenlack

WINDMÜHLE

Neben der Eingangstür befindet sich ein Wasserschälchen.

WERKZEUG

- Stichsäge
- Hobel
- Zirkel
- Stellwinkel
- Bohrmaschine und Bohrer
- Allzweckmesser
- Ahle
- Schraubenzieher
- Grobe Raspel oder Hobel
- Blechschere
- Pinsel
- Metallineal

EIGNUNG

Dieser Entwurf hat oben eine Futterstelle und unten einen Nistkasten. Somit ist er vielseitig einsetzbar. Wie immer geraten auch hier brütende Tiere in Aufregung, wenn sie ganz in der Nähe den Gesang Futter suchender Vögel hören, hier kommt er aus dem oberen Stock. Wenn man dieser Situation aus dem Weg gehen möchte, sollte man auch die untere Tür mit Maschendraht verschließen und das Ganze nur als Futterstelle nutzen.

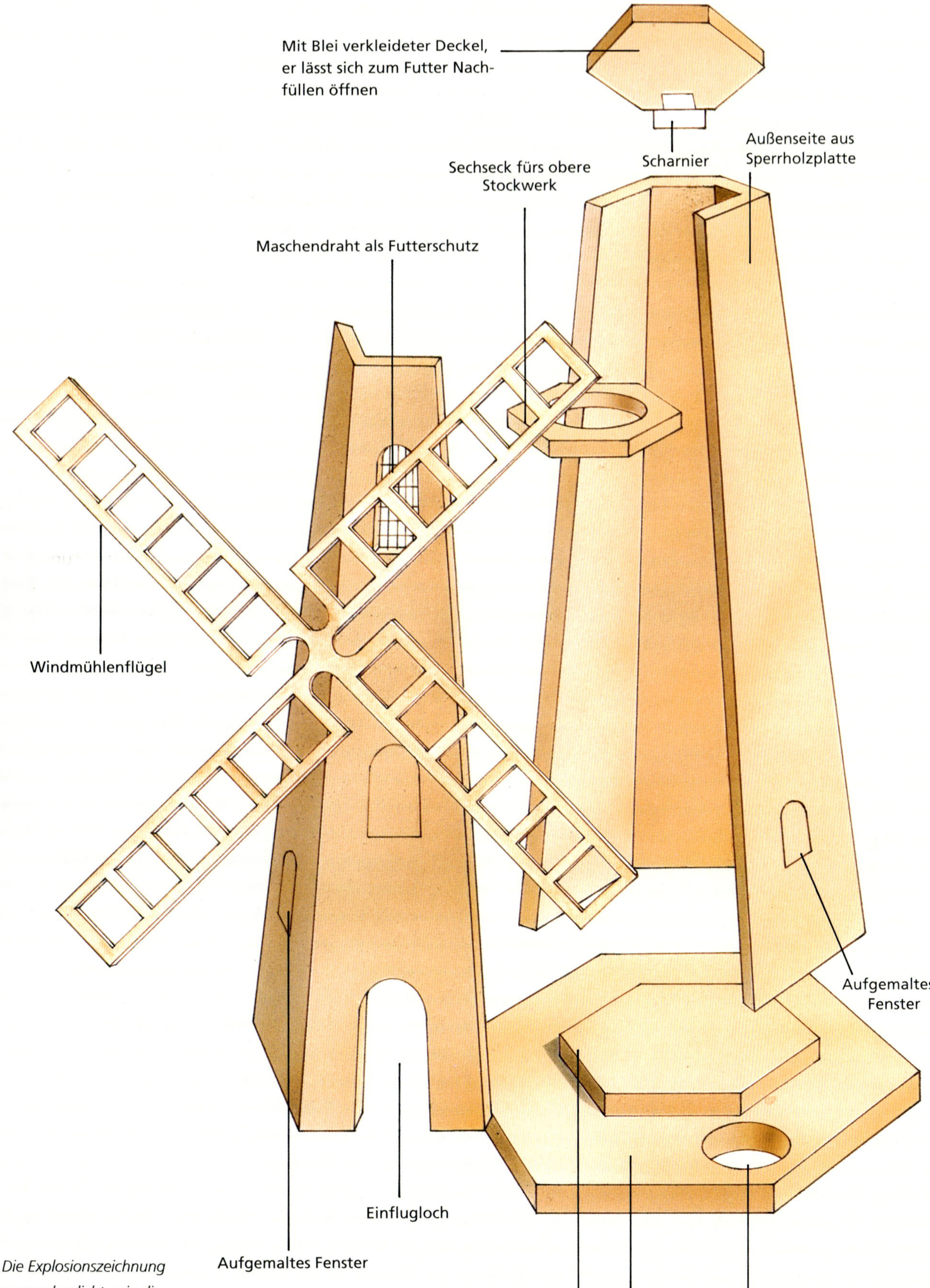

Die Explosionszeichnung veranschaulicht, wie die einzelnen Teile zusammengehören. Genaue Abmessungen finden Sie auf Seite 120.

ARBEITSSCHRITTE

1 Nach der Vorlage von Seite 120 oder mithilfe eines Zirkels werden zunächst auf dem 9 mm dicken Sperrholz vier Kreise in folgenden Größen angezeichnet: Zwei mit 12 cm Durchmesser für die obere und zweite Etage, einer mit 24 cm Durchmesser fürs Erdgeschoss und einer mit 50 cm Durchmesser für die Bodenplatte.

2 Auf dem Kreisrand trägt man mit dem Zirkel sechs Mal den Kreisradius ab und verbindet diese Punkte. Das Sechseck mit der Stichsäge aussägen und Kanten anschließend glatt hobeln.

3 Auf die Bodenplatte wird mit dem Zirkel ein Kreis gezeichnet, der im Durchmesser etwas kleiner ist als das Wasserschälchen. In unserem Beispiel ist er 9 cm groß. Zuerst bohrt man ein Startloch und sägt dann mit der Stichsäge den Kreis aus.

4 In den Boden der zweiten Etage kommt ein Loch für ein Futterschälchen aus Plastik. Man verfährt wie in Schritt 3. In unserem Beispiel beträgt das Loch 7,5 cm im Durchmesser.

5 Jetzt werden die sechs Seitenteile mit folgenden Maßen auf 9 mm dickes Sperrholz aufgezeichnet: 60 cm hoch, unten 11,3 cm und oben 6,5 cm breit.

6 Dann stellt man den Stellwinkel auf 60° ein und trägt diesen Winkel oben und unten auf den Kanten der Seitenteile ab. Dann werden die Kanten mit dem Hobel im 60°-Winkel angeschrägt.

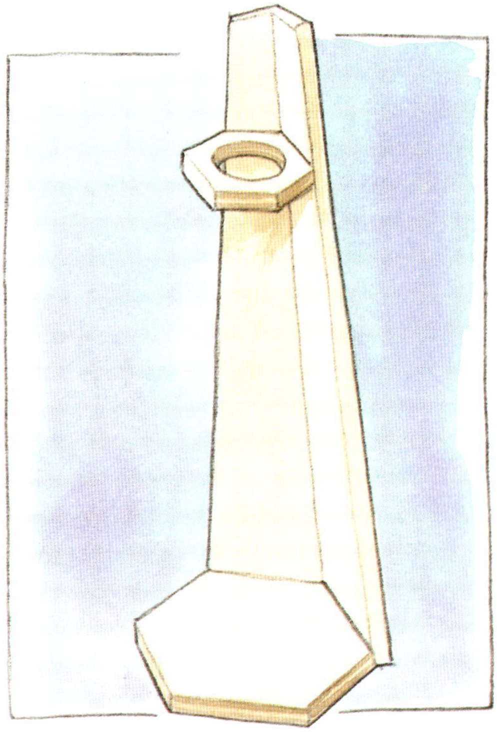

7 Jetzt klebt und nagelt man zwei Seitenteile an Erdgeschoss- und zweite Etagenböden.

8 Während der Leim trocknet, zeichnet man Fenster und Tür auf eines der Seitenteile und sägt sie mit der Stichsäge aus.

9 Der Maschendraht wird mit Krampen von Innen am Fenster befestigt. Alternativ dazu kann man den Maschendraht auch von Außen befestigen. Er muss dann aber sehr fein sein und akurat zugeschnitten werden. Die dritte Möglichkeit ist, ihn ins Fenster hineinzubiegen und ihn quasi innen im Fensterrahmen festzutackern.

TIPP

JEDES JAHR ODER SPÄTESTENS ALLE ZWEI JAHRE BRAUCHT EIN VOGELHÄUSCHEN EINEN NEUEN ANSTRICH. BEI GUTER UND SORGFÄLTIGER PFLEGE HALTEN DIESE HÄUSCHEN VIELE JAHRE.

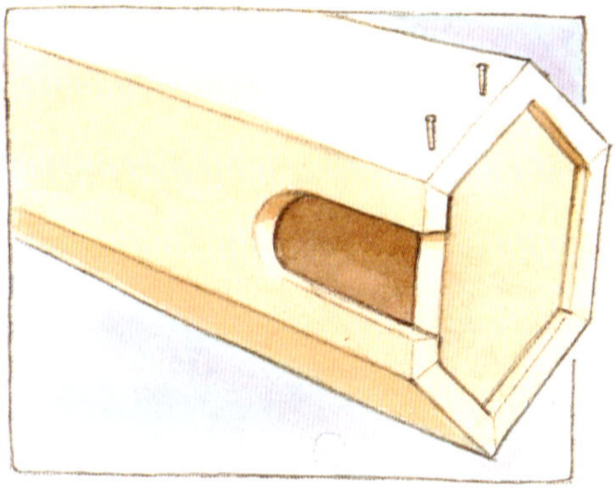

10 Dann klebt und nagelt man die restlichen Seiten nacheinander an ihren Platz. Auf der oberen Kante werden die Bretter mit Krampen zusammengehalten. Gummi- oder Klebeband sind zum Fixieren gut geeignet.

11 Wenn der Leim überall trocken ist, schmirgelt man den ganzen Rumpf sorfältig glatt.

12 Mit der Ahle und einem Metallineal als Führung ritzt man dann auf allen Seiten waagerechte, parallele Linien, sodass ein Holzbrettereffekt entsteht.

13 Jetzt wird das Sechseck für die Plattform geglättet.

14 Dann schraubt man die Bodenplattform mit 18 mm Senkkopfschrauben unten an das Vogelhäuschen hin.

15 Auf das Kiefernholz zeichnet man jetzt das sechseckige Dach mit 6,5 cm Durchmesser.

16 Das Dach wird mit der Stichsäge ausgesägt und die Oberkante mit Hobel oder grober Raspel abgerundet.

17 Dann schneidet man aus dem Bleiblech mit einer Blechschere einen Kreis von gut 8 cm Durchmesser.

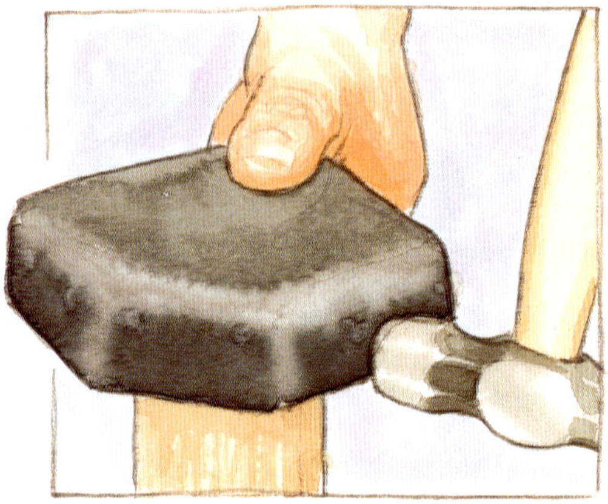

18 Mit dem Hammer wird das Blei der Dachform angepasst. Dabei klopft man mit nur leichtem Druck in mehreren Runden.

19 Wenn das Blei die richtige Wölbung hat, werden überstehende Kanten abgeknipst und das Ganze mit Nägeln fixiert.

TIPP

Drei Faktoren machen aus Sicht der Vögel die Attraktivität eines Nist- oder Futterplatzes aus: Futterangebot, Trinkwasser und Unterschlupf. Je besser man diese Wünsche bedienen kann, desto grösser wird die Zahl der gefiederten Gäste sein.

DIESEM FUTTERSILO AUS HOLZ, METALL UND FIBERGLAS KANN KEIN VORBEIFLIEGENDER VOGEL WIDERSTEHEN.

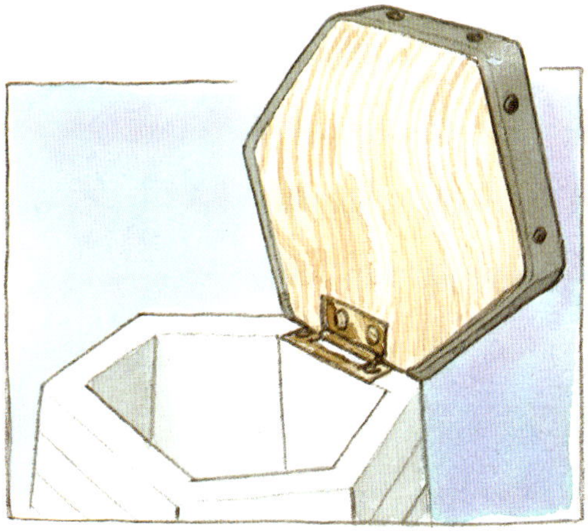

20 Jetzt befestigt man das verzinkte Scharnier mit 12 mm Schrauben am Dach.

21 Dann bohrt man unterhalb des Fensters zwei 6 mm große Löcher.

22 In jedes Loch kommt ein Tropfen Leim. Dann steckt man jeweils einen 5 cm langen 6 mm dicken Dübel hinein.

23 Gemäß der Vorlage werden nun die Umrisse der Windmühlenflügel auf die 6 mm dicke Sperrholzplatte übertragen. Die Außenkanten mit dem Messer nachfahren.

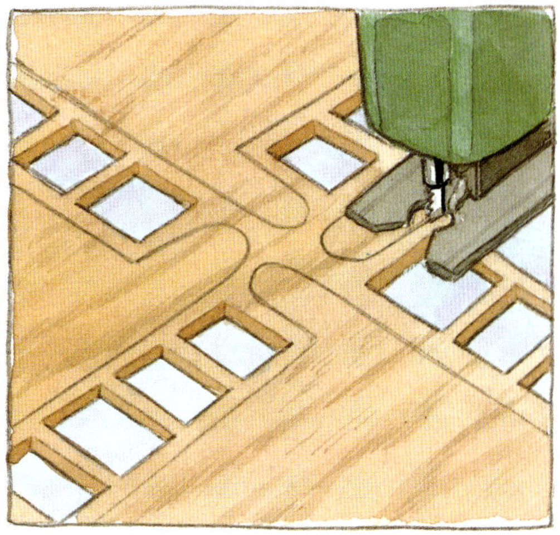

24 Mit der Stichsäge und einem feinen Sägeblatt schneidet man jetzt die Flügel aus. Kanten bei Bedarf glatt feilen.

25 In die Mitte des Flügelrades wird ein Loch gebohrt, ebenso in den Abstandhalter.

26 Jetzt befestigt man Abstandhalter und Flügelrad mit einer 50 mm langen, brünierten Rundkopfschraube an der Vorderseite des Windmühlenhäuschens.

27 Zum Schluss wird das Häuschen mit witterungsbeständigem Lack angemalt.

Die fertige Windmühle sollte man zunächst grundieren und dann in mehreren Schichten lackieren. Hier wurden originalgetreu das eigentliche Haus weiß, Flügel und Fensterimitate schwarz gestrichen. Vielleicht wirken andere Farben in Ihrem Garten aber viel hübscher.

DER VIERECKIGE TURM MIT SEINEM STEILEN DACH BEHERRSCHT BEI DIESEM VOGELHÄUSCHEN DAS BILD. UND TATSÄCHLICH BIETET AUCH NUR ER PLATZ ZUM NISTEN, OBWOHL MAN NATÜRLICH EINZELNE FENSTER ÖFFNEN UND DURCH EINZIEHEN VON WÄNDEN WEITERE NISTPLÄTZE IM HAUS SCHAFFEN KANN. FÜR DIE FENSTER WURDEN GOTISCHE SPITZBÖGEN AUSGESÄGT UND DANN VON INNEN FALSCHE WEISSE FENSTERKREUZE EINGEKLEBT. DIE SCHEIBEN SIND DUNKEL – SOMIT WIRKT DAS HAUS UNBEWOHNT UND EIN WENIG GESPENSTISCH.

HERRENHAUS

MATERIAL

- 122 x 60 cm große MDF-Platte, 9 mm dick
- 38 x 30 cm große MDF-Platte, 18 mm dick
- Reste von schwarzem Plastik oder schwarz angemaltes Sperrholz
- Weichholzklotz, ca. 12,5 x 12,5 x 12,5 cm
- Schwarzer und grauer Mattlack
- Stiftnägel
- Holzleim
- Schleifpapier

WERKZEUG

- Stich- oder Laubsäge
- Bohrmaschine und Bohrer
- Fuchsschwanz oder Kreissäge
- Feinsäge
- Hobel
- Tacker
- Anschlagwinkel
- Maßband
- Stift
- Pinsel

EIGNUNG

Da der Nistbereich sich im Turm befindet, ist dieses Modell für alle Vögel geeignet, die einen 20 bis 25 cm tiefen Raum mit einer Grundfläche von 10 x 10 cm bevorzugen. Das Einflugloch befindet sich unter dem Dach und hat einen Durchmesser von 29 mm. Man kann es natürlich auch erweitern, um größere Vögel anzulocken.

ARBEITSSCHRITTE

1 Nach der Vorlage von Seite 121 werden zunächst die einzelnen Bestandteile des Herrenhauses auf die 9 mm dicke MDF-Platte übertragen und mit Fuchsschwanz oder Kreissäge zugeschnitten. Raue Schnittkanten werden glatt geschliffen.

2 Genauso verfährt man mit der 18 mm-MDF-Platte, aus der die Bodenplatte entsteht.

Die Explosionszeichnung veranschaulicht, wie die einzelnen Teile zusammengehören. Genaue Abmessungen finden Sie auf Seite 121.

IN GEDECKTEN, DÜSTEREN FARBTÖNEN GEHALTEN ERSCHEINT DIESES VOGELHÄUSCHEN FAST EIN WENIG GESPENSTISCH. MAN KANN NATÜRLICH ANDERE FARBEN AUSPROBIEREN, UM DEM VOGELHÄUSCHEN EIN FREUNDLICHERES ÄUSSERES ZU GEBEN.

3 Als Nächstes wird die Position der Spitzbogenfenster auf Hausvorderseite und Türmchen festgelegt. Sie sind am Haus 7,2 cm hoch und 3,2 cm breit, am Turm 3,8 cm hoch und 1,8 cm breit. Zum Vorzeichnen sollte man sich eine Pappschablone machen, damit alle Fenster gleichmäßig werden.

4 Dann sägt man die Fenster mit der Stich- oder Laubsäge aus. Zuvor bohrt man mit einem Bohrer Ansatzlöcher für die Säge vor. Jetzt sollte auch das 32 mm große Einflugloch auf der Turmseite ausgesägt werden. Es befindet sich 17,5 cm über der Bodenplatte.

5 Um den Eindruck einer wettergegerbten Bretterfassade zu erreichen, sägt man die Außenseiten in 15 mm Abständen waagerecht mit der Feinsäge und einem geraden Brett als Führung oberflächlich leicht ein.

6 Jetzt malt man mit mattgrauem Lack Haus- und Turmvorderseiten an, sodass sie leicht marode und renovierungsbedürftig wirken. Wenn man die Vorderseite schon jetzt streicht, kann man die Fenstersimse gleich mitfärben, bevor von innen die Plastikverschalung angebracht wird.

Dieser verspielte Futterplatz im englischen spätgotischen Tudorstil, wird in jedem Garten zu einem grossartigen Blickfang.

7 An jedes Fenster tackert man nun von hinten ein Stück schwarzes Plastik. Für das Turmfenster braucht man ein 5 cm breites und 17,5 cm langes Stück. Das Plastik für die Hausfenster muss jeweils 22,5 x 17,5 cm groß sein. Statt Plastik kann man auch Sperrholz nehmen und schwarz anmalen.

8 Dann leimt man die Hauswände auf die Bodenplatte und fixiert sie mit Stiftnägeln.

9 Nun leimt und nagelt man das Türmchen an. Unten in den Turm nagelt man ein passendes quadratisches MDF-Stückchen, um das herum die Turmwände an der Basis im rechten Winkel gehalten werden.

10 Nachdem die übrigen Wände gestrichen sind, setzt man die 17,5 x 21,5 cm großen Dachteile auf, klebt und nagelt sie fest an. Am First überlappen sich die Platten. Die linke wird an der Unterkante so geschliffen, dass sie sich dem Türmchen anpasst.

11 Für das Turmdach werden die Seiten des Weichholzklötzchens so gehobelt, dass sich die steilen Dachschrägen ergeben. Als Endhöhe sind 11,5 cm vorgesehen, oben sollte die Dachfläche 7,5 x 5 cm betragen.

12 Nun wird das Holzklötzchen mit Schleifpapier bearbeitet, auf den Turm gesetzt, verleimt und mit Nägeln fixiert.

13 Dann schneidet man mit der Stich- oder Laubsäge die 17,5 cm langen Zierleisten aus, klebt und nagelt sie an den Dachgiebel hin. Das Muster ist variabel, die fertigen Leisten sollten am Ende aber 1,8 cm breit sein.

14 Zum Schluss sägt man aus einem Rest der 9 mm-MDF-Platte die 9 x 10,8 cm große Tür aus und klebt und nagelt sie an die Vorderfront des Vogelhäuschens.

15 Alle noch nicht angestrichenen Teile werden nun matt lackiert.

TIPP

Sobald ein Nistkasten von Vögeln bezogen worden ist, sollte man ihn möglichst in Ruhe lassen, da die Elterntiere sonst Angst bekommen und ihre Behausung möglicherweise wieder verlassen. Am besten sollte man überhaupt nicht nachsehen, was sich im Kasten tut. Falls es doch einmal nötig ist, sollte es so schnell und so leise wie möglich geschehen.

Dieses breite Vogelhäuschen macht sich am besten in einem großen Garten zwischen vielen Pflanzen.

DER TAUBENSCHLAG IST DIE TRADITIONSREICHSTE VARIANTE DES VOGELHÄUSCHENS. DIESE ACHTECKIGE VERSION HAT HALBRUNDE ÖFFNUNGEN MIT ANFLUGSTANGEN FÜR DIE VÖGEL. IM INNEREN UNTERTEILEN DÜNNE TRENNWÄNDE DAS HÄUSCHEN IN EINZELNE ABTEILE – HINTER JEDER ANFLUGSTANGE LIEGT EIN ABGESCHLOSSENER NISTBEREICH. DIESER TAUBENSCHLAG WIRD AUS WASSERFESTEM SPERRHOLZ GEMACHT UND INNEN MIT LEISTEN ABGESTÜTZT. DAS DACH BEKOMMT EINE SCHUPPENARTIGE BRETTERVERKLEIDUNG.

TAUBENSCHLAG

MATERIAL

- 122 x 122 cm Sperrholzplatte, 12 mm dick
- 60 x 60 cm Sperrholzplatte, 6 mm dick
- 3 x 2,5 cm Eichen- oder Weichholzleisten für die Kanten
- 214 cm langes Eichenbrett, 17,5 cm breit und 2,5 cm dick.
- 3,8 x 2,5 cm Weichholzleisten als Stützen für die Sperrholzunterteilung
- 2,5 x 0,6 cm Weichholzleisten fürs Dach
- 60 cm Dübelstange, 12 mm dick
- 38 mm Schrauben
- Stiftnägel
- Schleifpapier
- Holzleim
- Holzschutzmittel oder Glanzlack

WERKZEUG

- Stichsäge
- Feinsäge
- Spannriemen
- Handhobel
- Anschlagwinkel
- Maßband und Stift
- Schraubenzieher
- Fräs- oder Nutfräsaufsatz
- Bohrmaschine, Bohrer
- Hammer
- Pinsel

EIGNUNG

Manche Vogelarten nisten gerne gruppenweise zusammen. Dieses nette Häuschen bietet Platz für sechs Familien. Mehlschwalben zum Beispiel lieben das Nisten in Kolonien. Sie kommen Jahr für Jahr in dieselbe luftige Wohnung zurück. Den Taubenschlag postiert man am besten 4,5 bis 6 m über dem Boden auf einem Pfahl und stellt ihn an einem leicht zugänglichen Platz – idealerweise in Wassernähe – auf. Die nächsten Äste und Mauern sollten mindestens 4,5 m entfernt sein. Da Schwalben gerne Eierschalen aufpicken, streut man unter ihrem Häuschen eine Hand voll aus. Bevor man sich jedoch ans Bauen macht, sollte man abklären, ob es in der Umgebung überhaupt Mehlschwalben gibt.

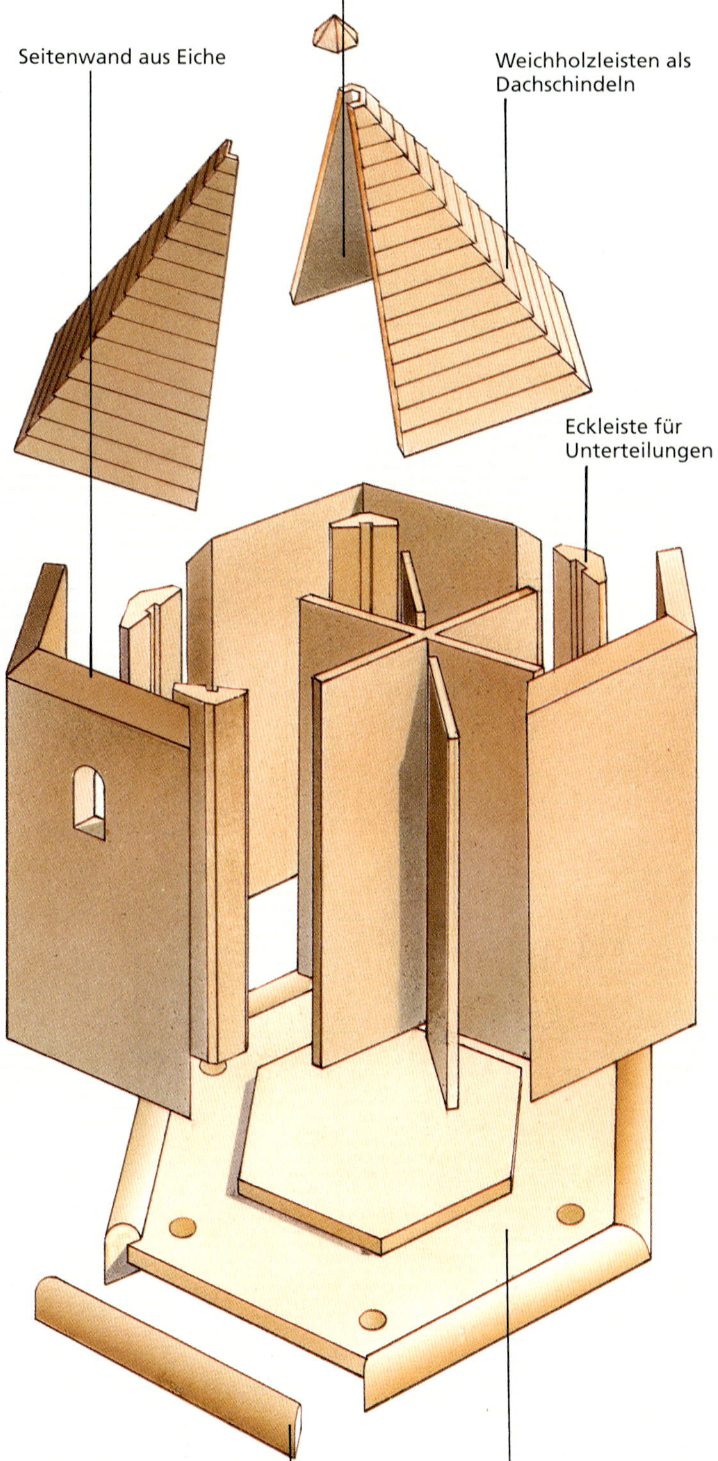

Die Explosionszeichnung veranschaulicht, wie die einzelnen Teile zusammengehören. Genaue Abmessungen finden Sie auf Seite 122.

ARBEITSSCHRITTE

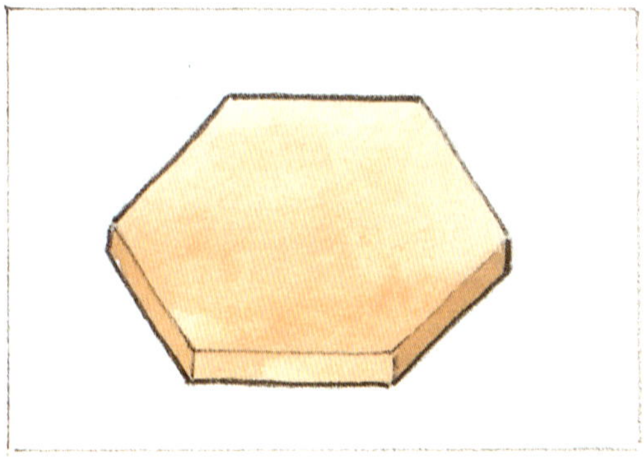

1 Zunächst sägt man nach der Vorlage von Seite 122 aus der 12 mm-Sperrholzplatte den Boden des Taubenschlags aus.

2 Ein kleineres Sechseck dient als Stütze für die Eichenholzwände.

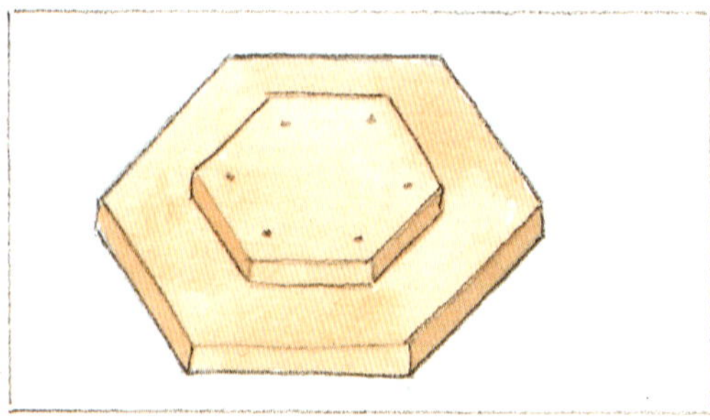

3 Nun zentriert man das kleine Sechseck auf dem großen und schraubt es an.

4 Entweder kauft man gleich fertige Profilleisten oder fräst sie sich aus den 3 x 2,5 cm Weichholzleisten. Die Nut sollte die gleiche Tiefe wie die Dicke der Bodenplatte haben.

DIESER NOSTALGISCHE TAUBENSCHLAG ERINNERT MIT SEINER DREIECKIGEN FORM AN LÄNGST VERGANGENE ZEITEN.

5 Jetzt schneidet man die Profilleisten in Teile, die ein wenig länger sind als die Seiten der Bodenplatte. Die Enden werden auf Gehrung geschnitten und gehobelt, bis sie exakt aneinander passen.

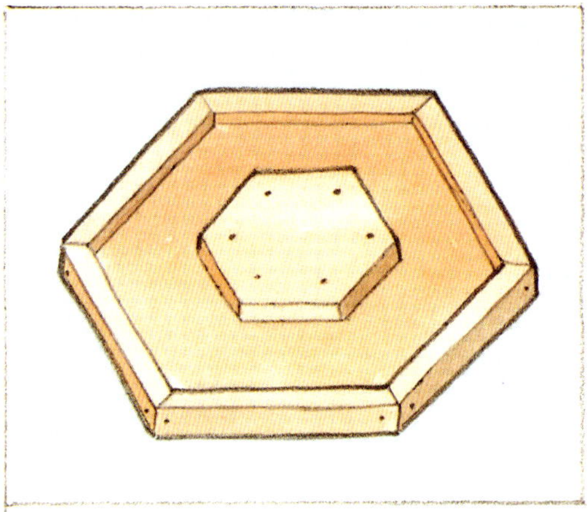

6 Die Leisten werden mit der Bodenunterseite bündig angeklebt und mit Stiftnägeln fixiert.

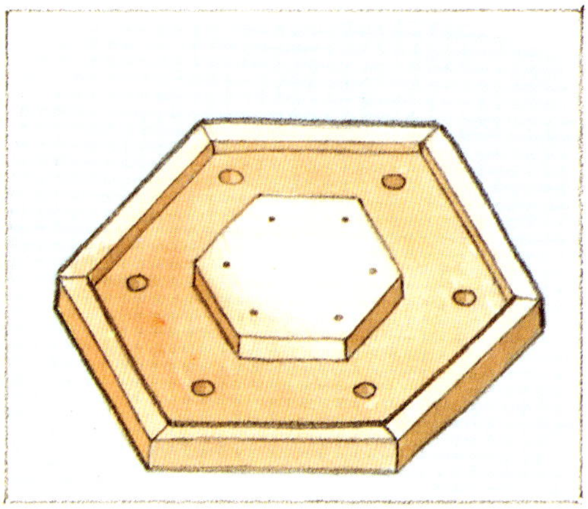

7 In jede Ecke der Bodenplatte bohrt man nahe den Leisten ein Abflussloch. Weitere sechs Löcher bohrt man näher zur Mitte, damit wirklich alles Wasser abfließen kann.

8 Für die Außenwände schneidet man das Eichenbrett in 29,2 cm lange Teile. Die oberen Kanten hobelt man im Winkel von 45°, sodass sie glatt mit den Dachbrettern abschließen.

9 Dann werden die langen Kanten der Eichenbrettchen so zurecht gehobelt, dass sie sich um das kleine Sechseck herum fügen.

10 Jedes Eichenbrettchen bekommt ein Einflugloch, drei Bretter am oberen Rand, die anderen am unteren Rand. Dafür bohrt man zunächst ein 25 mm großes Loch und darunter zwei kleinere. Mit der Stichsäge sägt man nun die Rundbogenöffnung aus.

11 In jedes Brett bohrt man an der unteren Kante ein kleines Loch hinein, um es später an das kleine Sechseck schrauben zu können.

12 Zwei Kanten der 3,8 x 2,5 cm messenden Leiste werden abgeschrägt. Auf der anderen Seite fräst man in die Mitte eine 6 mm breite Nut, in die sich die Innenwände schieben lassen.

13 Die fertige Profilleiste teilt man in sechs gleiche Teile, die etwas kürzer als die Eichenbretter sind.

14 In jede Leiste bohrt man oben und unten ein Loch.

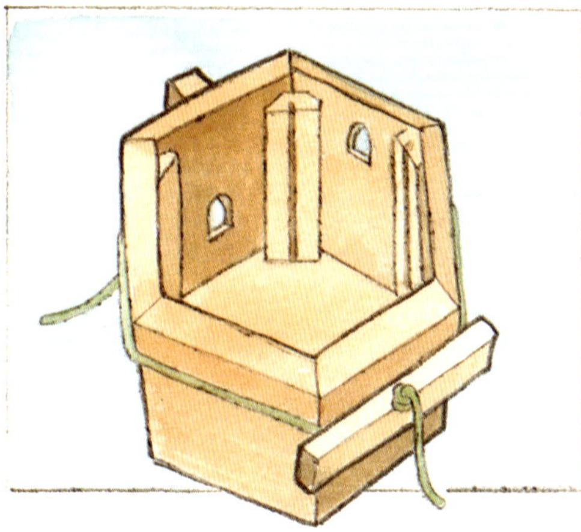

15 Nun verleimt man Seitenteile und Leisten und fixiert sie an den vorgebohrten Löchern mit Schrauben. Bis der Leim trocken ist, hält man alles mit einem Spannriemen zusammen.

16 Jetzt werden die dünneren Sperrholzplatten so zurecht gesägt, dass sie in die Nuten der Eckleisten passen. In zwei Trennwände, die über die ganze Tiefe gehen, schneidet man bis auf halbe Länge Schlitze hinein. Dann steckt man sie zusammen und schiebt sie in den Taubenschlag.

DIE IDEE FÜR UNSEREN TAUBENSCHLAG IST DIESEM TRADITIONELLEN, FREISTEHENDEN TAUBENHAUS ABGESCHAUT.

17 Zwei schmälere Trennwände, mit halbem Durchmesser des Häuschens, können jetzt rechts und links der geschlitzten Wände an ihren Platz gesteckt werden. Nun ist die Unterteilung des Innenraums fertig.

18 Als nächstes sägt man aus dem 12,5 mm dicken Sperrholz sechs dreieckige Dachteile. Kanten entsprechend hobeln.

19 Die Dachteile leimt und schraubt man nun auf die Eichwände. An den Trennwänden ist eine Extraportion Leim nötig.

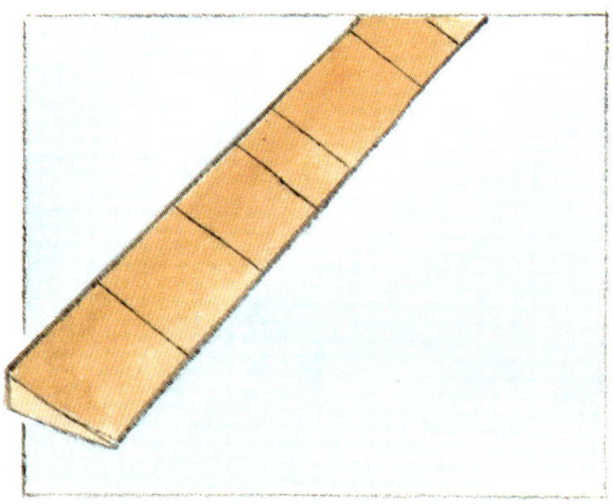

20 Jetzt schneidet man die unteren Reihen Dachleisten und sägt ihre Enden so auf Gehrung, dass sie sich der Form des Sperrholzdaches anpassen lassen. Durch Einsägen von senkrechten Linien werden Schindeln imitiert.

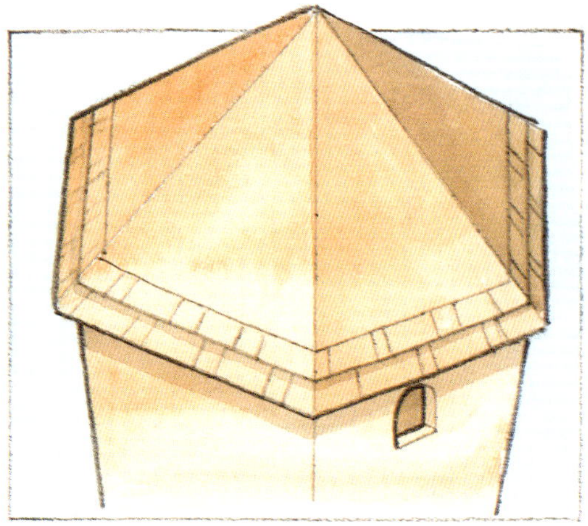

21 Die Leisten werden leicht überlappend aufs Dach geklebt. Jede neue Runde wird dabei kleiner. Alles mit Leim und Nägeln befestigen. Die Dachspitze mit der Feinsäge kappen.

22 Als nächstes fertigt man aus einem Stück Holz einen hübschen kegeligen Dachabschluss und klebt ihn an seinen Platz.

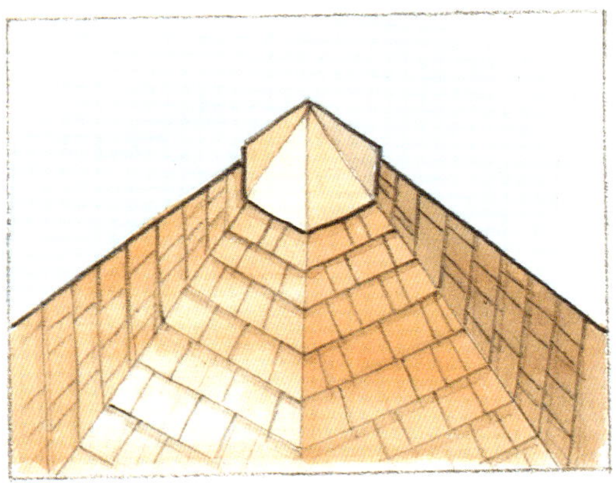

23 Unter jedes Einflugloch bohrt man für die 12 mm-Dübel Löcher und klebt die Sitzstangen hinein.

24 Aus den Eichenholzresten sägt man mit der Stichsäge kleine, gebogene Dächer und klebt sie über die Einfluglöcher.

25 Zum Schluss schraubt man den Taubenschlag auf die Bodenplatte und stopft die Bohrlöcher mit Holzrestchen zu. Hier sollte nicht geklebt werden, da sich der Taubenschlag zum Reinigen öffnen lassen muss.

VOGELHÄUSCHEN, DIE WIE DIESER TAUBENSCHLAG AN EINER WAND INSTALLIERT SIND, KÖNNEN BESONDERS SICHER SEIN, WENN MAN DEN RICHTIGEN ORT WÄHLT.

Dieser Taubenschlag kommt mit glänzend lackierter Oberfläche am besten zur Geltung. Man kann nach Belieben auch farbloses, ungiftiges Holzschutzmittel auftragen, um den natürlichen Eichenholzfarbton zu erhalten. In diesem Fall sollte man das Weichholzdach dann entsprechend beizen. Eigentlich ist dieses Haus zwar als Nistkasten gedacht, man kann es aber auch zur Futterstelle umfunktionieren. Allerdings wird dann gleichzeitig kaum ein Vogel dort brüten.

MATERIAL

- 50 cm gehobeltes Kiefernholz, 25 x 2,5 cm
- 50 cm gehobeltes Kiefernkantholz, 2,5 x 2,5 cm
- 25 x 40 cm wasserfeste, birkenfurnierte Sperrholzplatte, 5 mm dick
- 50 cm Kiefernkantholz, 10 x 10 cm
- 150 x 15 cm Kiefernbrett, 1,8 cm dick
- 7,5 cm Hartholzdübel, 6 mm dick
- 3 m Seil oder verzinkte Kette
- 38 mm Stiftnägel
- 4 mittelgroße, verzinkte Schraubösen
- Schleifpapier
- Stück leichte Pappe
- Holzleim
- Wasserfester Klarlack
- 10 beschichtete 30 mm Holzschrauben

WERKZEUG

- Stichsäge
- Feinsäge
- Bohrmaschine (und Bohrständer falls vorhanden)
- Sortiment Spiralbohrer
- Schraubzwingen
- Zirkel
- Laubsäge
- Feile
- Grobe Feile
- Hammer
- 38 mm Lochsäge
- Schraubenzieher
- Pinsel
- Schere
- Hobel

Dieses „biblische“ Vogelhaus kann durch Ketten oder Seile gehalten an Äste und Haken aufgehängt werden. Es kann ebenso als Futterplatz dienen. Die Plankenoptik erreicht man

Arche Noah

durch leichtes Einsägen. In der Kajüte befindet sich das Einflugloch. Obwohl diese Arche hier viel zu klein ist für zwei Tiere von jeder Art, bietet sie zumindest einem Vogelpärchen ein wunderschönes Zuhause.

EIGNUNG

Auch wenn diese Arche für gewöhnlich nicht von Tauben angeflogen wird – sie sind keine Höhlenbrüter – wird sie bei einer großen Zahl anderer Vögel auf Interesse stoßen. Mit ihrem 38 mm großen Einflugloch, das in die geräumige Kajüte führt, ist sie für Zaunkönige, Schwalben und manche Meisenarten gut geeignet. Wenn man an Deck Körner ausstreut, lässt sich die Arche statt als Nistkasten auch nur als Futterstelle benutzen. Allerdings ist nicht damit zu rechnen, dass Vögel die Arche als Wohnsitz beziehen, wenn sie zugleich anderen Vögeln als Restaurant dient.

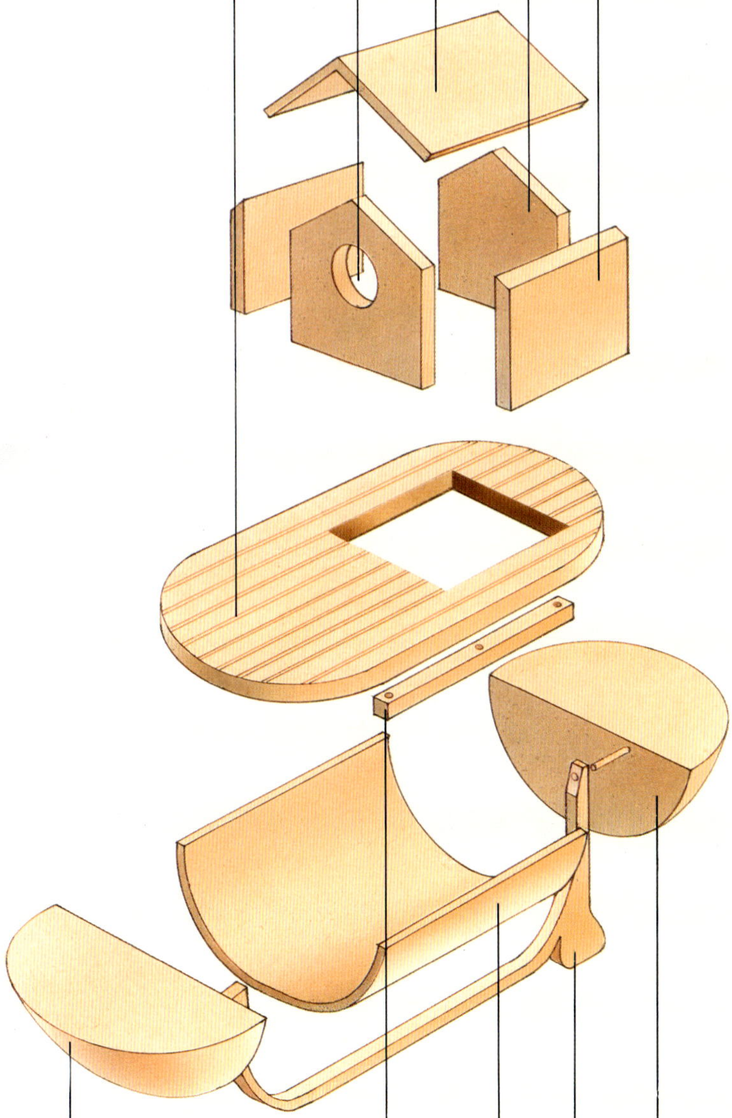

ARBEITSSCHRITTE

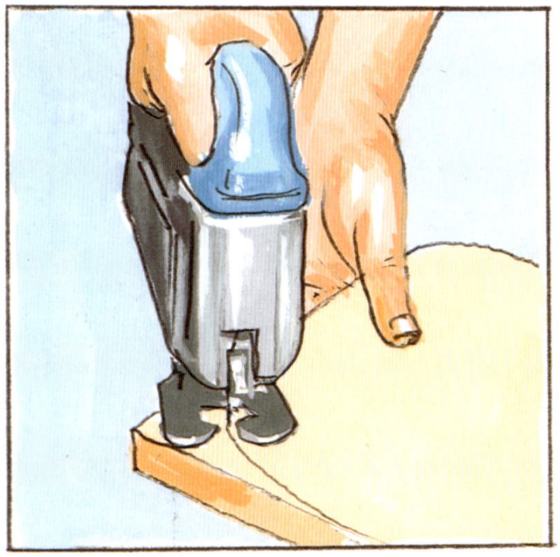

1 Für das Deck zeichnet man mit dem Zirkel an beiden Enden des 25 x 2,5 cm großen Kiefernbretts zwei Halbkreise an. Der Abstand von einem zum anderen Ende soll 40 cm betragen. Mit der Stichsäge aussägen.

2 Mithilfe eines Holzrests als Führung (mit Schraubzwinge fixieren) sägt man mit der Feinsäge in 2,2 cm Abständen Rillen in die Holzoberfläche.

Die Explosionszeichnung zeigt, wie die einzelnen Bestandteile zusammengehören. Die genauen Abmessungen finden Sie auf Seite 123.

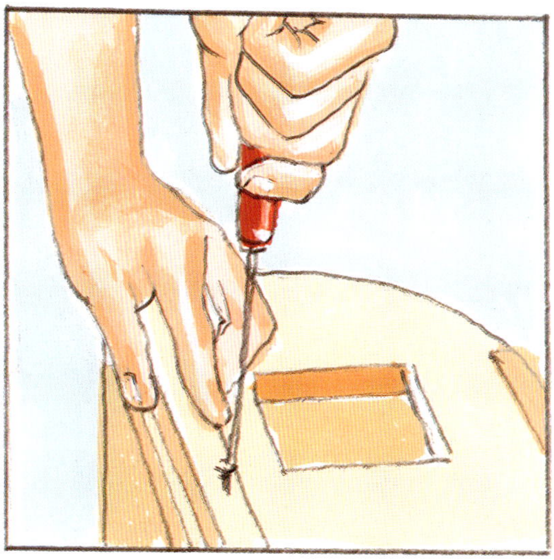

5 Jetzt biegt man das Sperrholz zur anderen Deckseite hinüber, sodass der Bootsrumpf entsteht. Diesen Arbeitsschritt sollte man am besten zu zweit machen, wobei einer biegt und einer die Schraubzwingen installiert.

3 Vom 2,5 x 2,5 cm Kiefernkantholz schneidet man zwei 21,5 cm lange Stücke ab. Dann bohrt man in jede Leiste drei 5 mm große Löcher für die Senkkopfschrauben und schraubt sie 5 mm vom Rand entfernt an die Deckunterseite. Zuvor gut verleimen.

4 Dann sägt man aus der 5 mm dicken Sperrholzplatte ein 21,5 x 33 cm großes Brett zurecht (man bedenke vor dem Sägen, dass sich das Sperrholz in eine Richtung immer leichter Biegen lässt als in die andere). Eine Kante der Sperrholzplatte klebt man nun an eine Seite der Leiste unter dem Deck und spannt die Klebestelle in eine Schraubzwinge ein. Zur gleichmäßigen Verteilung des Drucks legt man ein Stück Holz dazwischen. 24 Stunden trocknen lassen.

Dieses ungewöhnliche Vogelhäuschen wurde aus gebogenem Sperrholz gemacht. Um das Holz unter Dampfeinfluss zu biegen braucht man allerdings spezielle Werkzeuge und Geräte.

6 Aus dem 10 x 10 cm Kiefernkantholz schneidet man zwei 25 cm lange Stücke; mit dem Zirkel zeichnet man an die Stirnseiten einen Viertelkreis an und hobelt das Holz in die gewünschte Form. Nun werden die beiden Stücke vorne und hinten als Bug und Heck an den Bootsrumpf geklebt. Über Nacht trocknen lassen.

7 Mit der Laubsäge sägt man das überstehende Holz ab und macht Rumpf und Deck bündig.

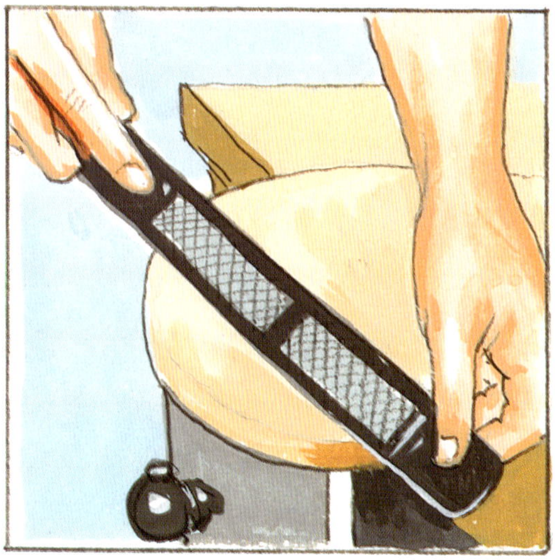

8 Zum Schluss arbeitet man mit einer groben Feile an jedem Rumpfende einen Viertelkreis heraus. Aus einem Rest Sperrholz sollte man sich eine Schablone machen, die man zur Kontrolle der exakten Form dem Bug „opfern" kann. Man darf aber nie ins Sperrholz hineinraspeln. Spuren vom Feilen werden mit Schleifpapier beseitigt.

9 Nun zeichnet man die Umrisse von Ruder und Bug auf ein Stück Pappe und schneidet die Schablonen aus. Jetzt überträgt man die Form auf das 15 x 1,8 cm messende Kiefernbrett. Mit der Stichsäge und einem feinen Sägeblatt schneidet man die Teile aus. Ruder und Bug werden an den Rumpf geklebt.

10 Aus dem Rest des 15 x 1,8 cm Kiefernbretts entstehen Seitenwände und Dach der Kajüte. Man sägt sie mit der Feinsäge aus.

11 Mit Bohrmaschine und Lochsäge sägt man in die Stirnseite der Kajüte das 38 mm große Einflugloch. Ein Bohrständer ist zwar kein Muss, aber sehr hilfreich. Glätten Sie die Lochinnenseite mit Schleifpapier.

Dieser traditionelle Nistkasten ist ganz ähnlich wie die Kajüte der Arche Noah gefertigt, hier aber durch Dachverzierungen und Farbanstrich abgewandelt.

12 Jetzt verleimt man die einzelnen Teile der Kajüte und fixiert sie mit Stiftnägeln. Wenn der Leim trocken ist, Oberflächen und Kanten glatt hobeln.

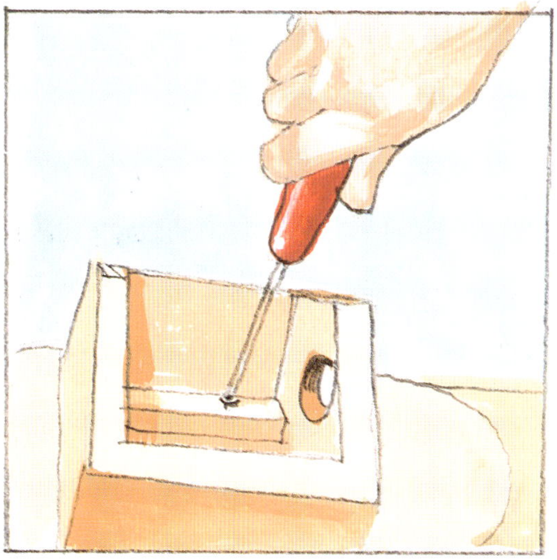

13 Aus Holzresten schneidet man zwei 11 cm lange Stücke. Dann bohrt man in jedes zwei 5 mm große Löcher und klebt sie innen an den Kajütenboden. Nach dem Trocknen, schraubt man die Kajüte durch die vorgebohrten Löcher mit 32 mm Schrauben aufs Deck.

14 Mit Leim und 38 mm Stiftnägeln wird das Kajütendach befestigt.

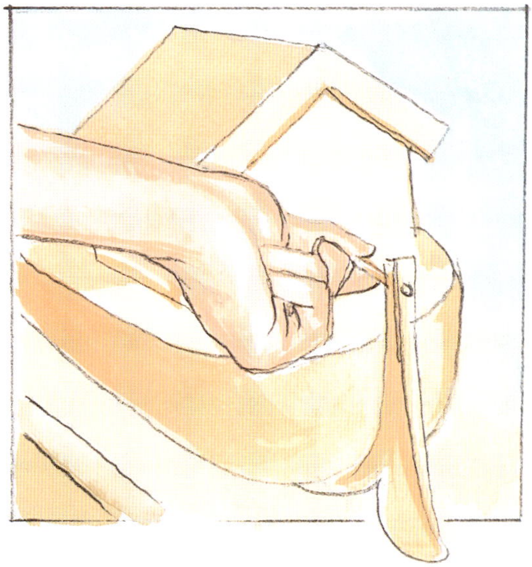

15 Jetzt klebt man die aus einem Stück 6 mm-Dübel bestehende Ruderpinne in das dafür vorgesehene Loch im Ruder.

16 Vor dem Lackieren werden Sägespuren und Markierungen mit Schleifpapier mittlerer Körnung entfernt. Wenn der erste Anstrich trocken ist, wird mit feinem Schleifpapier zwischengeschliffen und – nach Entfernen des Schleifstaubs – ein zweites Mal lackiert. Diesen Vorgang für eine dritte Schicht wiederholen.

17 Zum Schluss bohrt man an Deck vier kleine Löcher vor und schraubt die Hakenösen hinein. Durch die Ösen zieht man Seile oder Ketten und hängt das Vogelhäuschen auf.

Man braucht nicht Noah selber zu sein, um einer Vogelfamilie Schutz vor Wind und Wetter geben zu können.

BEI DIESEM AUSGEFALLENEN VOGELHÄUSCHEN WURDEN WEIDENZWEIGE AUF EINEM HOLZRAHMEN BEFESTIGT. ES PASST WUNDERBAR ZWISCHEN BÄUME. BEI REGEN KÖNNEN VÖGEL IM SCHUTZ DES LANGEN VORSPRINGENDEN DACHES AUF DER ANFLUGSTANGE PLATZ NEHMEN.

So sieht das moderne Großstadtvogelhäuschen für Innenhof oder Dachterrasse aus. Die beiden separaten Nebentürme können durch Aufklappen der Dächer mit verschiedenem Futter befüllt werden. Beim Fressen können sich die Vögel gemütlich auf den Fahnenstangen niederlassen. Auf den niedrigen Türmen kann man Efeutöpfchen installieren. Das Dach des höchsten Turms ist kupferfarben angestrichen.

Wolkenkratzer

MATERIAL

- 75 cm langes 10 x 10 cm Weichkantholz
- 100 x 60 cm wasserfeste MDF-Platte, 6 mm dick
- 60 x 40 cm wasserfeste MDF-Platte, 18 mm dick
- Stiftnägel
- Krampen
- Zwei kleine Jogurtbecher
- Alter Fahrradschlauch
- Scharniere
- Holzleim
- Zwei beschichtete 9 mm Rundkopfschrauben
- Verzinkter Maschendraht
- Wetterbeständiger Lack
- Schleifpapier

WERKZEUG

- Fuchsschwanz
- Hobel
- Feinsäge
- Hammer
- Stellwinkel
- Bohrmaschine
- 18 mm Flachbohrer
- 18 mm Stechbeitel
- Holzhammer
- Blechschere
- Leistungsfähiger Tacker
- Schere
- Ahle
- 3 mm Spiralbohrer
- Schraubenzieher
- Pinsel

EIGNUNG

Dieser elegante Futterplatz hat zwei Klappen, über die sich der Futtersilo auffüllen lässt. Man kann die beiden Silos immer wieder mit anderem Futter befüllen und damit ein wenig experimentieren. Schnell bekommt man heraus, welche Arten die Futterstelle regelmäßig anfliegen und kann ihnen dann gezielt ihr Lieblingsfutter anbieten. Bei Distelsamen sollte man vor die Öffnung ein feines Netz spannen. Ein gröberes Netz hält im anderen Turm beispielsweise Sonnenblumenkerne für Grünfinken und Meisen zurück. Eichelhäher können z. B. Erdnüssen nicht widerstehen. Vielleicht reserviert man auch ihnen mal einen Turm.

Die Explosionszeichnung zeigt, wie die einzelnen Bestandteile zusammengehören. Die genauen Abmessungen finden Sie auf Seite 124.

ARBEITSSCHRITTE

1 Mit dem Fuchsschwanz sägt man den Weichholzbalken in der Diagonalen längs in zwei Teile und hobelt die Kanten glatt.

2 Für den Kern des großen Turms sägt man jetzt von dem dreikantigen Holz ein 60 cm langes Stück ab.

3 Als Nächstes zeichnet man auf der 6 mm dicken MDF-Platte ein 12 x 60 cm sowie ein 11,4 x 60 cm großes Brett an und sägt beide mit der Stichsäge aus. Die Kanten werden exakt auf Linie gehobelt. Dann klebt und nagelt man beide Teile an den dreiseitigen Turmkern.

4 Aus dem restlichen Weichholz sägt man mit der Feinsäge eine halbe Pyramide, glättet mit dem Hobel alle Sägespuren und klebt sie auf die Spitze des Innenteils.

5 Von der 18 mm dicken MDF-Platte sägt man mit der Stichsäge zwei Bretter ab und hobelt sie genau auf 10,8 cm Breite zurecht. Das eine soll 33 cm, das andere 43 cm lang sein. An jedem Brett wird eine Endkante mit dem Hobel zu einem 45° Winkel abgeschrägt und mit dem Stellwinkel kontrolliert. Dann sägt man aus der 18 mm dicken MDF-Platte zwei weitere Teile mit genau 10,8 x 5,6 cm Kantenlänge aus. Eines davon klebt und nagelt man an ein Ende der 33 cm langen MDF-Platte, das andere an die zweite MDF-Platte, hier aber 10 cm vom Rand entfernt. So entstehen die Böden der Futtersilos.

6 Als nächstes werden dann die Wände der Silos an den Hauptteil des Futterhäuschens zunächst geklebt und dann genagelt.

7 Dafür aus der 6 mm-MDF-Platte Seitenwände, Front und Deckel der Silos sägen. Die Kanten der Seitenteile zu einem 45° Winkel abschrägen.

8 Alles an den Turm mit den angebrachten Böden der Futtersilos kleben und nageln.

9 Aus der restlichen 6 mm-MDF-Platte fertigt man zwei gleichschenkelige Dreiecke mit einer Basis von 12 cm und Seiten mit je 15 cm. Die Kanten der beiden Basen werden so abgeschrägt, dass sie genau um die Weichholzpyramide des Wolkenkratzers passen. Sie werden als Dach auf die Spitze des Futterhäuschens geklebt und mit Nägeln fixiert.

WIE EIN RICHTIGES HOCHHAUS BESTEHT DIESE VOGELHAUS AUS SEPARATEN NISTEINHEITEN. JEDE DER 24 WOHNUNGEN HAT IHREN EIGENEN LANDEPLATZ, DER GLEICHZEITIG DER WOHNUNG DARUNTER ALS SCHUTZDACH DIENT. DIE SITZSTANGEN AUF DEM DACH BIETEN GÄSTEN DIE MÖGLICHKEIT EINMAL VORBEIZUSCHAUEN.

10 In die Front des Futterhäuschens ritzt man mit dem Messer drei Rechtecke. Mit der Bohrmaschine und einem geeigneten 18 mm Flachbohrer bohrt man möglichst viel Material aus dem Rechteck heraus.

11 Mit Stechbeitel und Holzhammer schneidet man die Rechtecke sauber aus.

12 Die oberen Kanten der Frontteile werden mit dem Hobel dem 45° Winkel der Seitenteile angeglichen.

13 Nun schneidet man den Maschendraht mit der Blechschere zurecht und tackert ihn von innen gegen die Futteröffnungen.

14 Jetzt kann man die Silovorderseiten an ihren Platz kleben und mit Nägeln zusätzlich fixieren.

HIER EIN BEISPIEL, WIE MAN NISTEINHEITEN STATT SENKRECHT ÜBEREINANDER AUCH NEBENEINANDER GRUPPIEREN KANN. AN EINER WAND ANGEBRACHT SCHAUT DIESE KOLONIE BESONDERS HÜBSCH AUS.

15 Dann glättet man das Futterhäuschen mit Schleifpapier mittlerer Körnung, entfernt überstehende Kanten und trägt die Grundierung auf. Wenn sie trocken ist, schleift man mit feinem Schleifpapier zwischen und streicht das Häuschen in der gewünschten Farbe an. Fenster und Dächer dabei mit kontrastreicher, dunkler Farbe hervorheben.

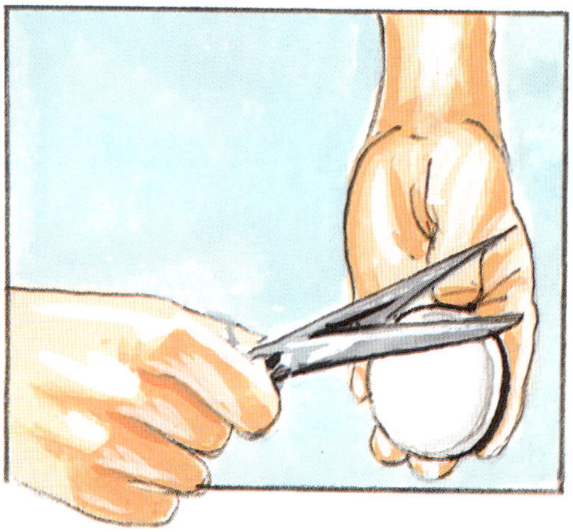

16 Einen alten Fahrradschlauch schneidet man in kurze Stücke und tackert sie an die Kanten der Silodeckel.

18 Mit der Schere kürzt man den Rand von zwei Jogurtbechern und bohrt 3 mm Löcher in den Boden mit denen sie auf die Silodächer geschraubt werden. Dann werden die Becher angemalt.

17 Dann bringt man die Dächer mit einem Scharnier am oberen Ende der Silos an.

19 Zum Schluss markiert man mit einer Ahle die Mitte der Silodächer und schraubt die beiden Jogurtbecher an ihren Platz. Man kann auch ein genügend großes Loch bohren und die Becher hineinhängen.

TIPP

WENN MAN VÖGEL IN SEINEN GARTEN LOCKEN MÖCHTE, DARF MAN NIE VERGESSEN, IHNEN AUCH TRINKWASSER HINZUSTELLEN. TEICH, VOGELBAD ODER SPRINGBRUNNEN VERMEHRT DIE VIELFALT DER GEFIEDERTEN GÄSTE GANZ ENORM.

Dieses hohe Futterhäuschen eignet sich besonders gut für Vogelfreunde, die in der Stadt wohnen und nur wenig Platz zur Futteraufbewahrung haben. In die leicht zu befüllenden Silos passt Futter für viele Wochen.

Alle Vorlagen kann man am Kopierer vergrößern. Um sie beispielsweise doppelt so groß zu machen, stellt man den Kopierer auf 200% ein. Mit Stift und Lineal lassen sich die Umrisse auf das Holz oder Brett übertragen.

Stummer Gärtner
(siehe S. 38)

Kletteraffe
(siehe S. 31)

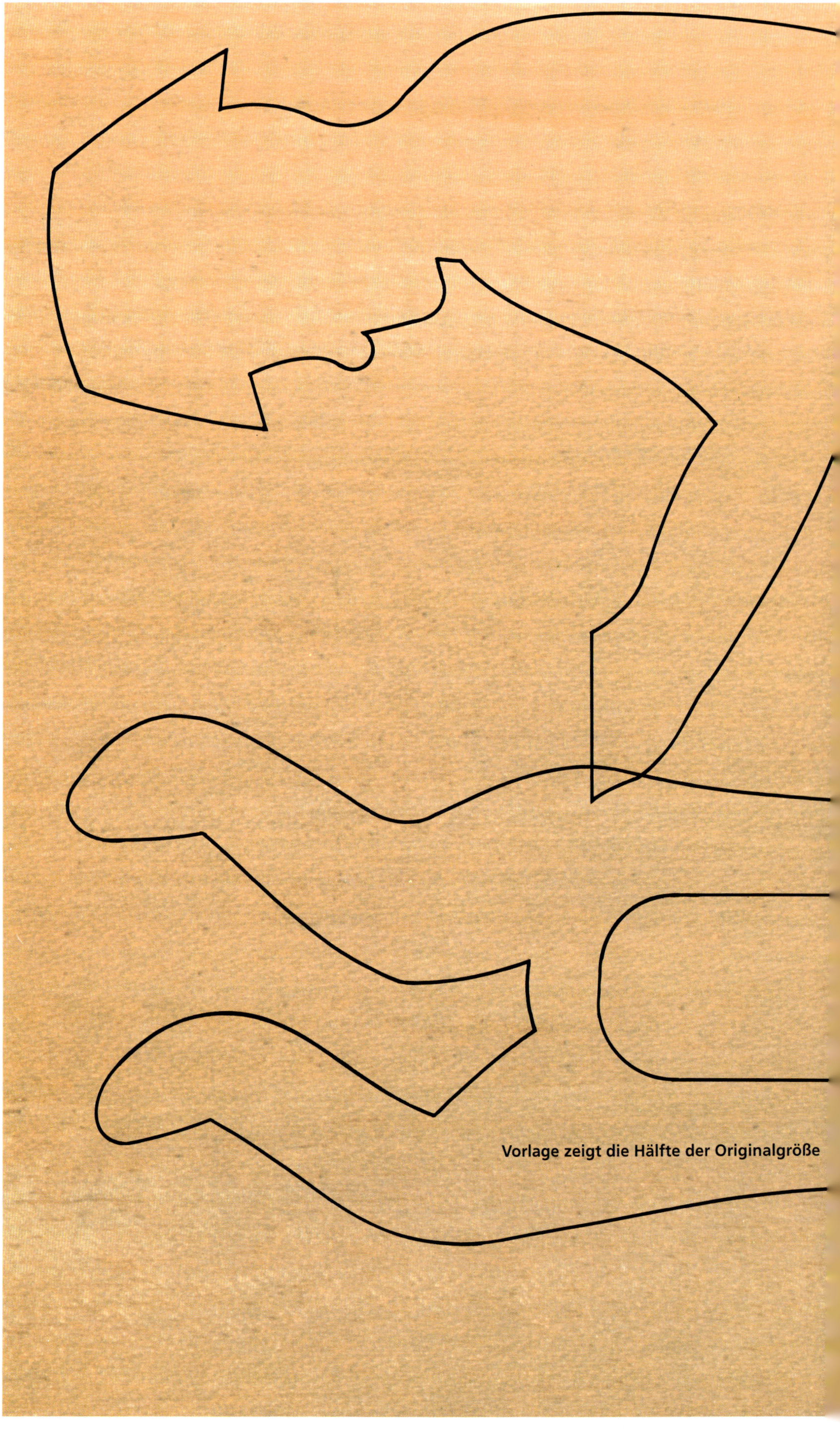

Vorlage zeigt die Hälfte der Originalgröße

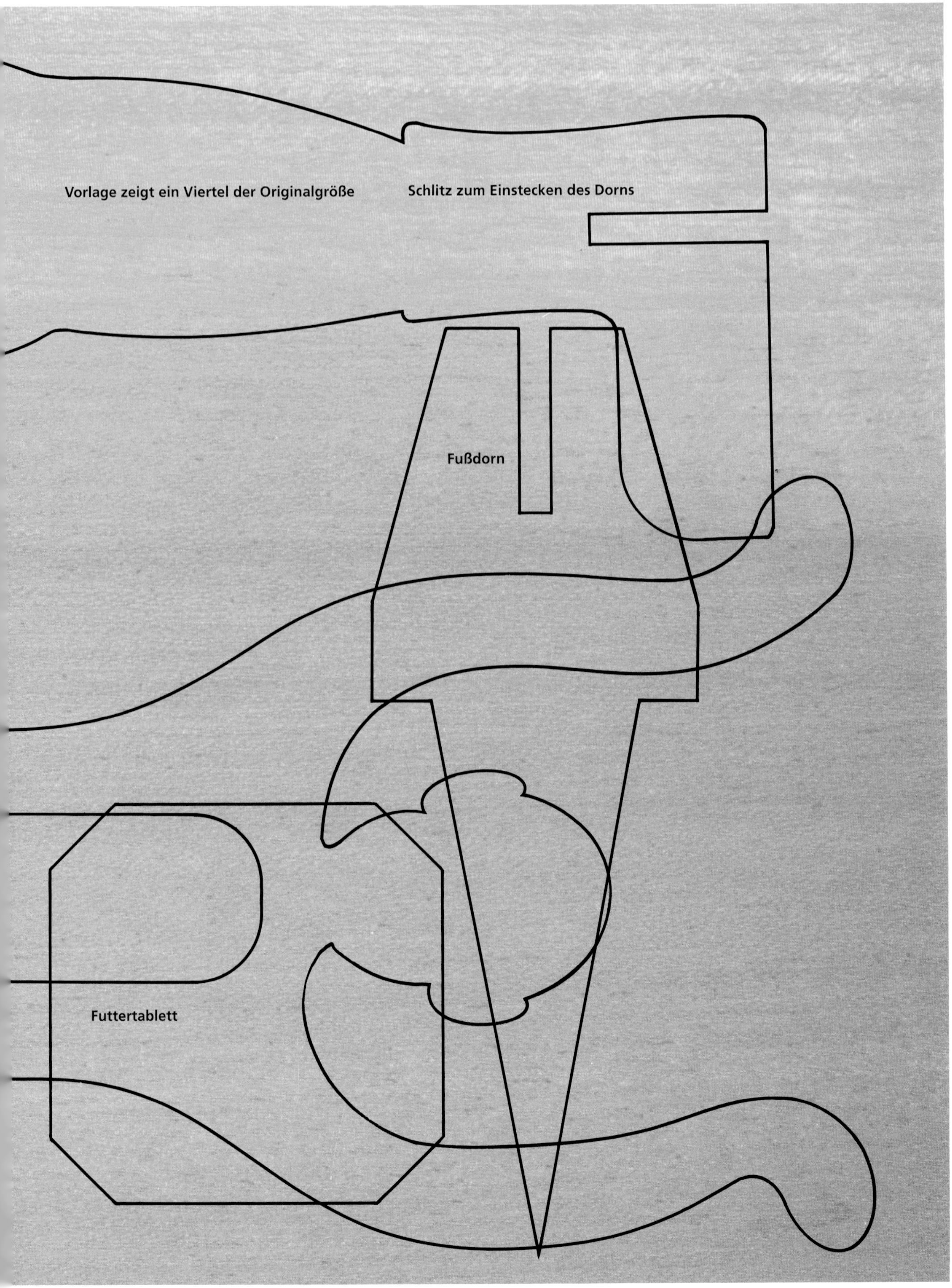
Vorlage zeigt ein Viertel der Originalgröße
Schlitz zum Einstecken des Dorns
Fußdorn
Futtertablett

Futtertablett
(siehe S. 24)

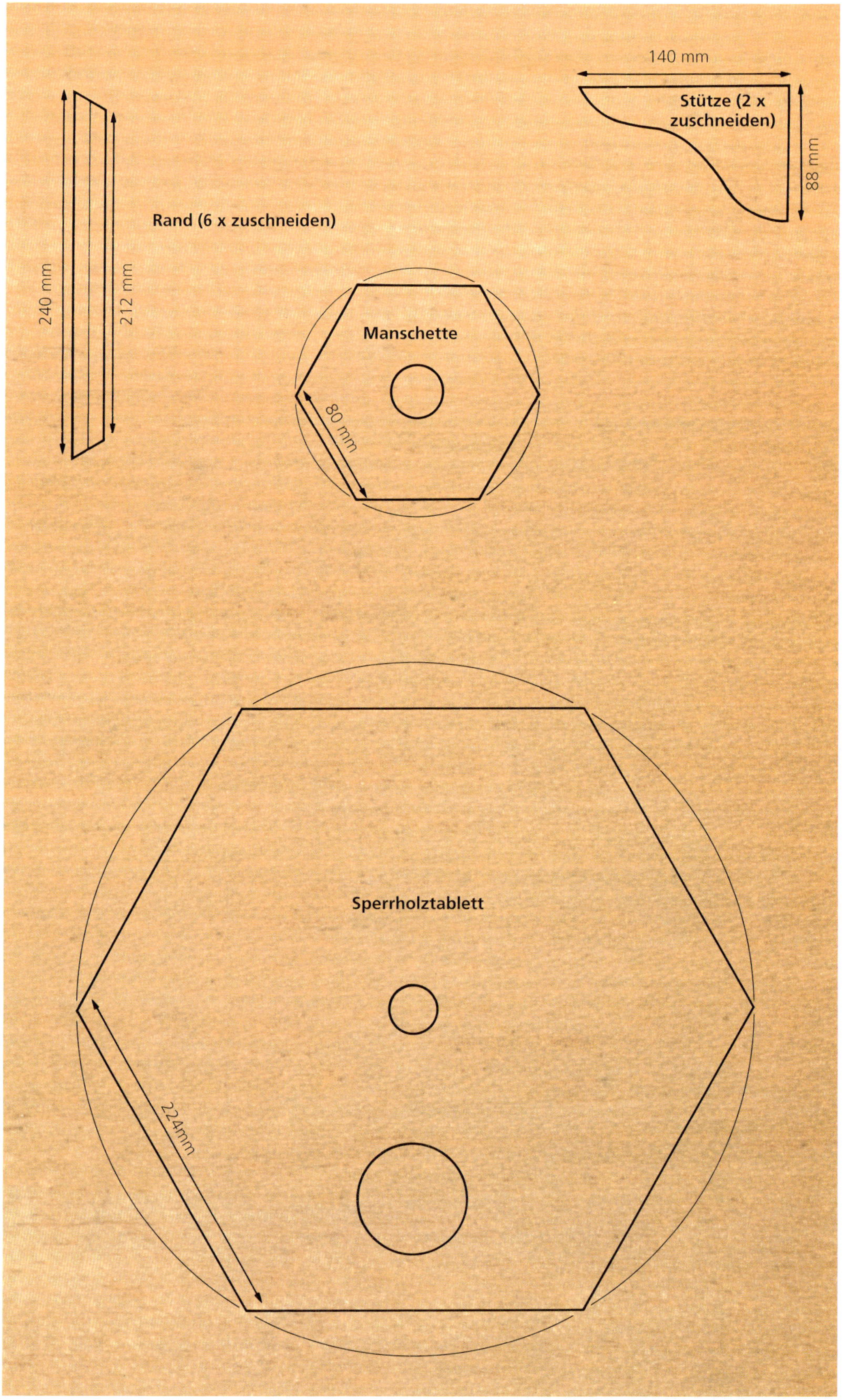

Vorlage zeigt ein Viertel der Originalgröße

Front und Hinterwand (2 x zuschneiden, davon 1 x mit Einflugloch)

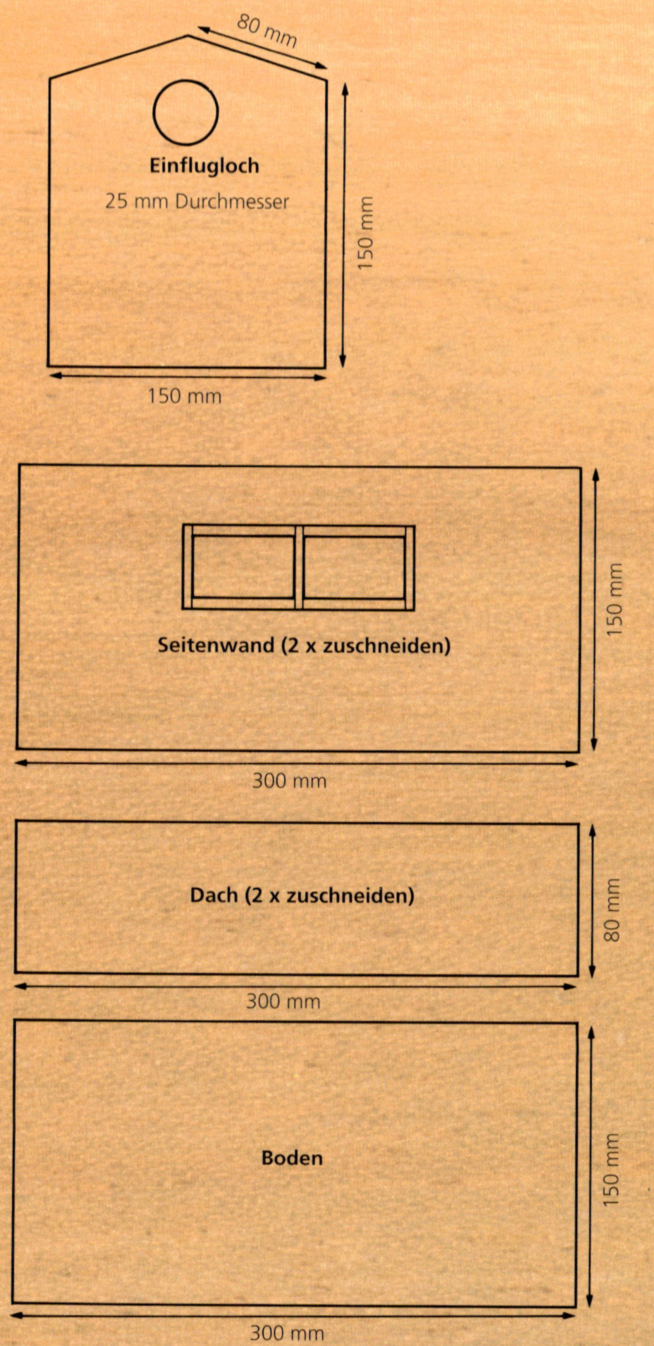

Vorlage zeigt ein Viertel der Originalgröße

Miniaturschuppen
(siehe S. 34)

Schweizer Chalet
(siehe S. 44)

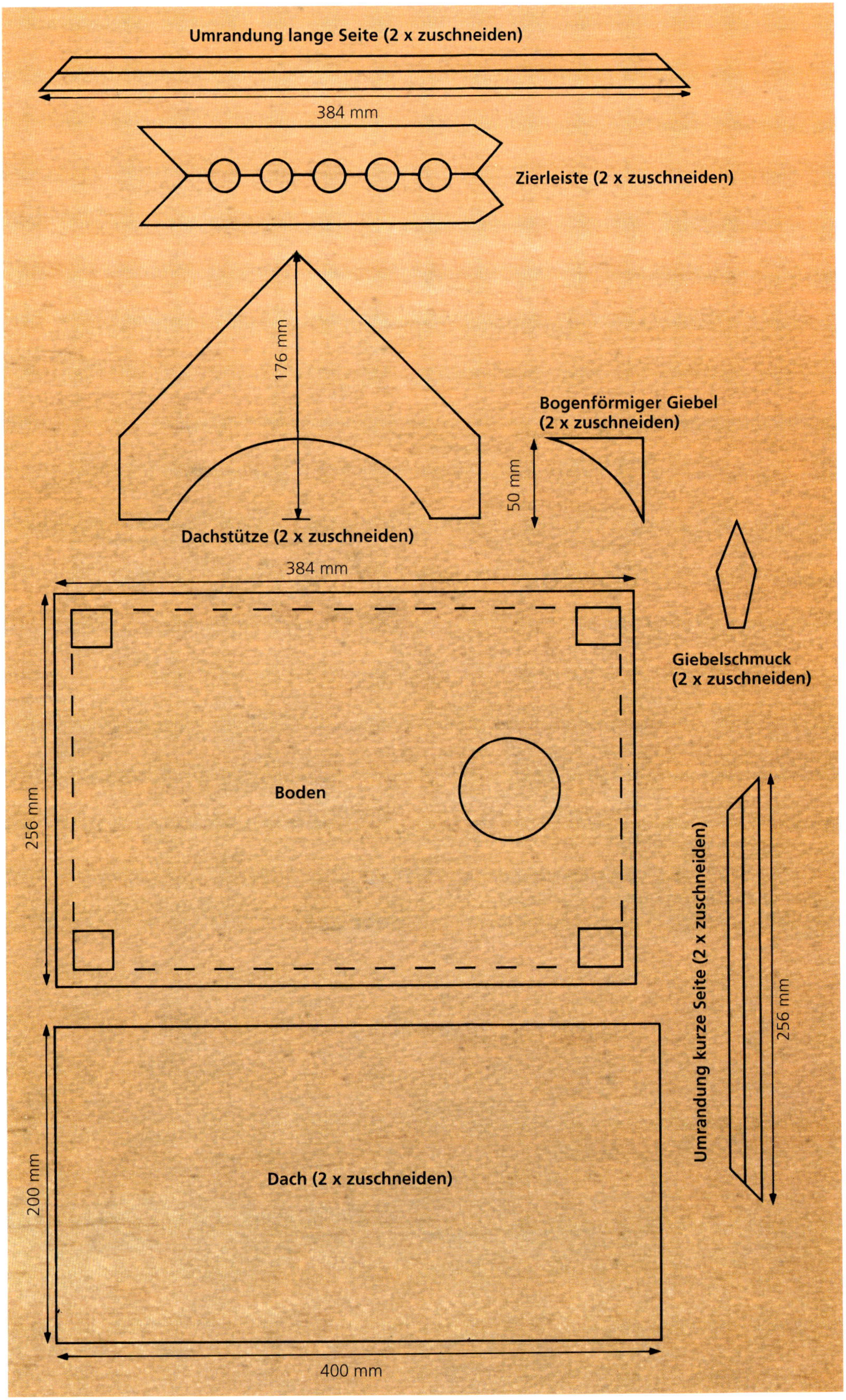

Vorlage zeigt ein Viertel der Originalgröße

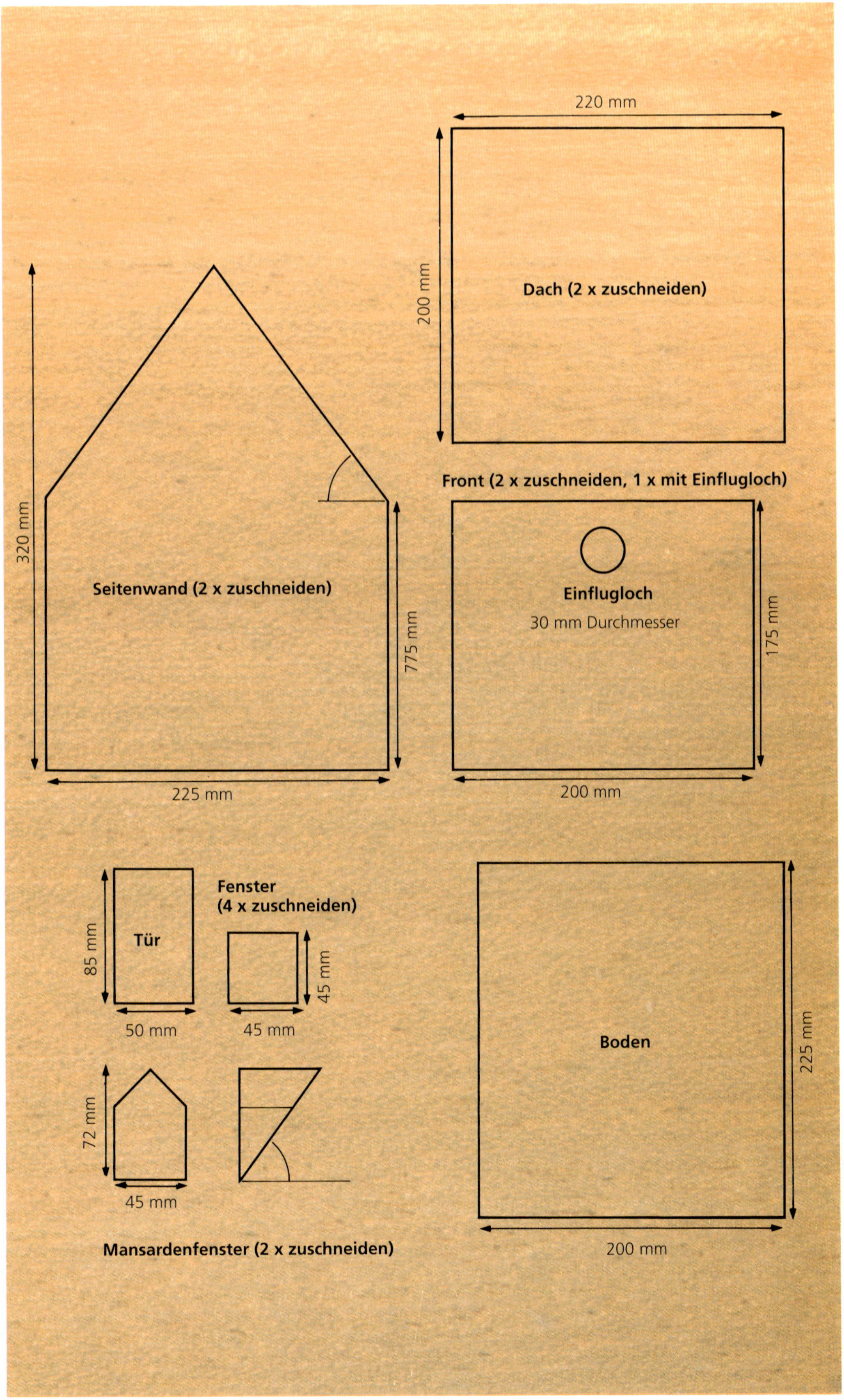

Vorlage zeigt ein Viertel der Originalgröße

COUNTRY-HOUSE
(SIEHE S.48)

Ranch
(siehe S.52)

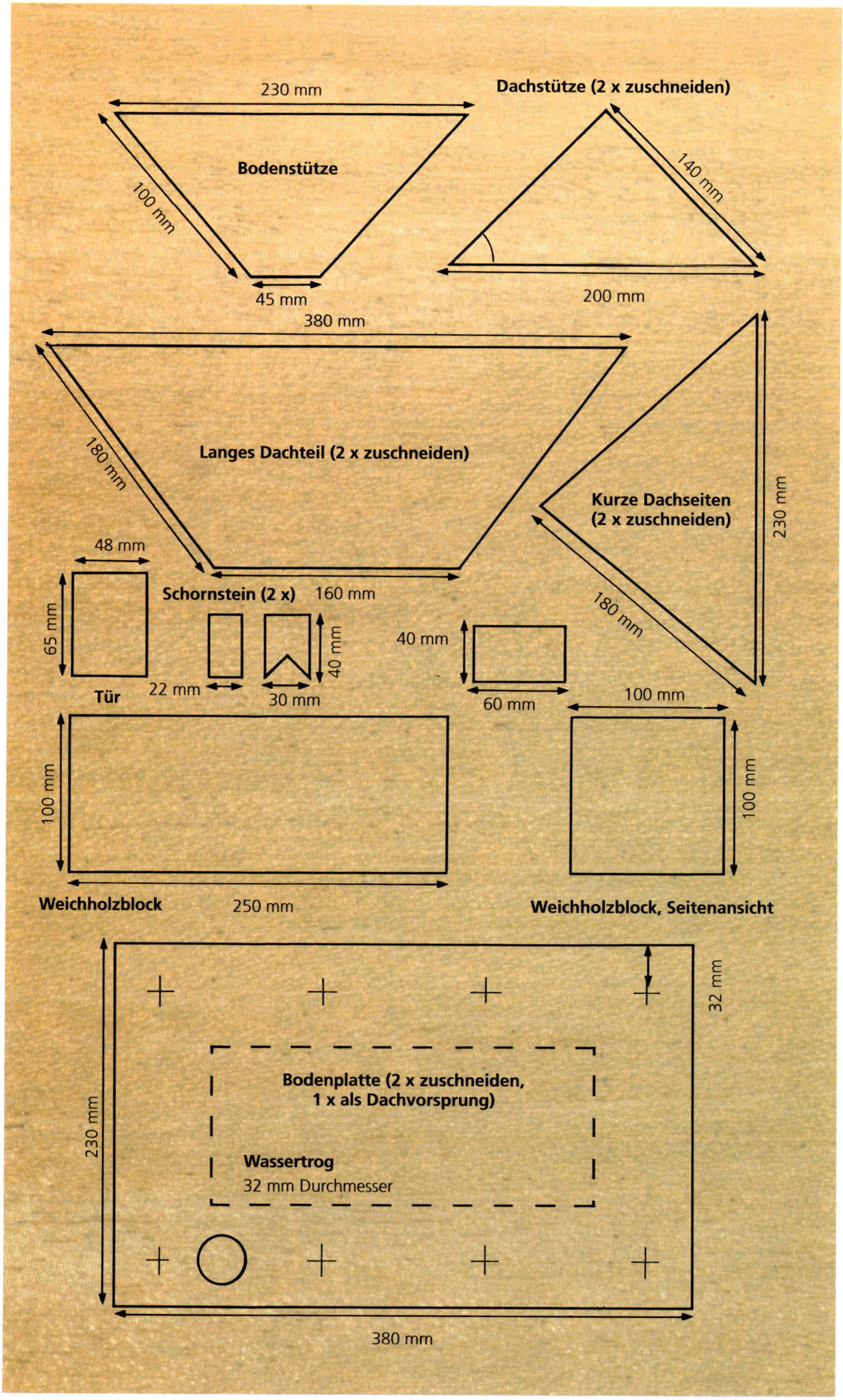

Vorlage zeigt ein Viertel der Originalgröße

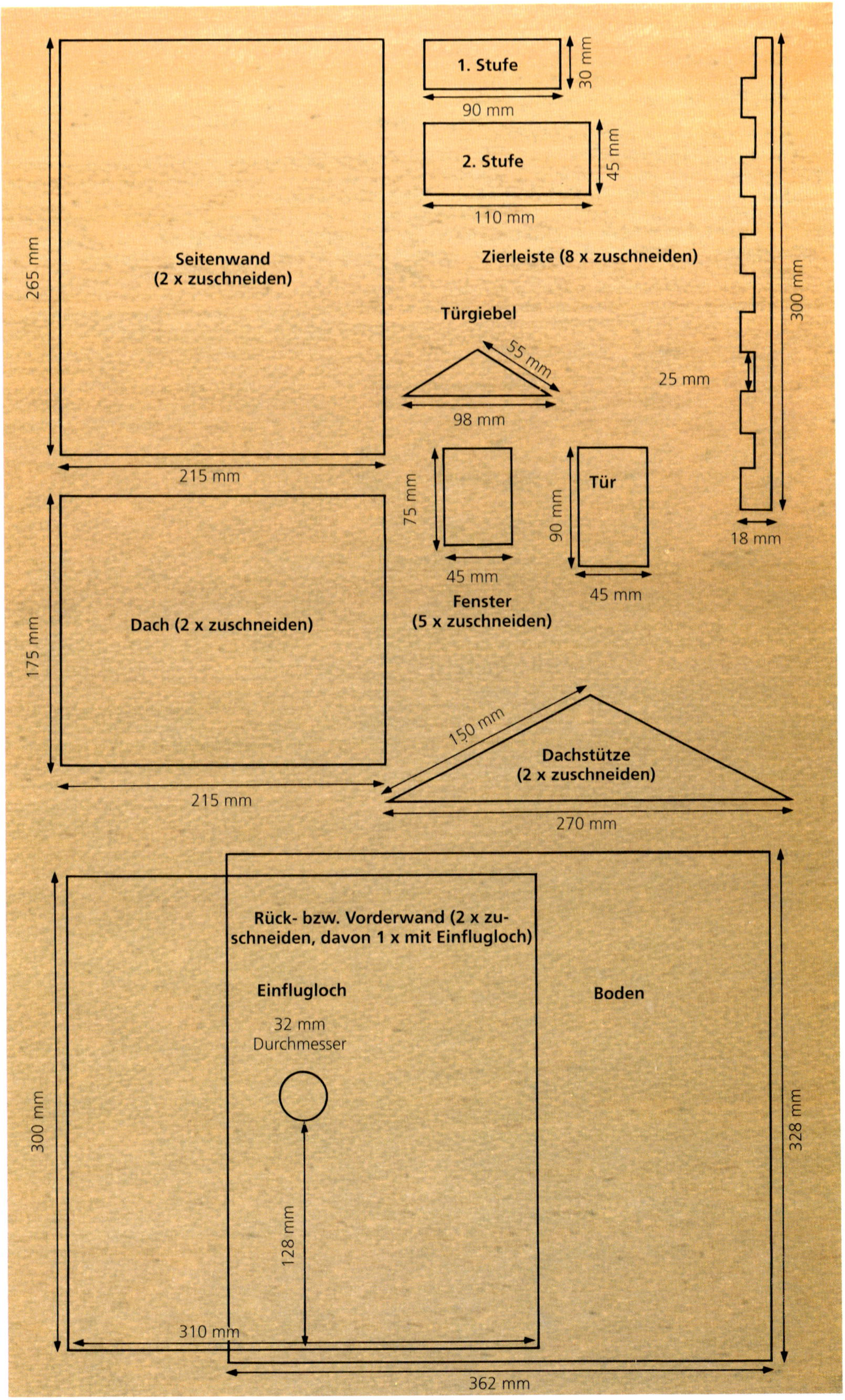

Vorlage zeigt ein Viertel der Originalgröße

LANDHAUS
(SIEHE S.56)

Neuenglisches Schulhaus
(siehe S.60)

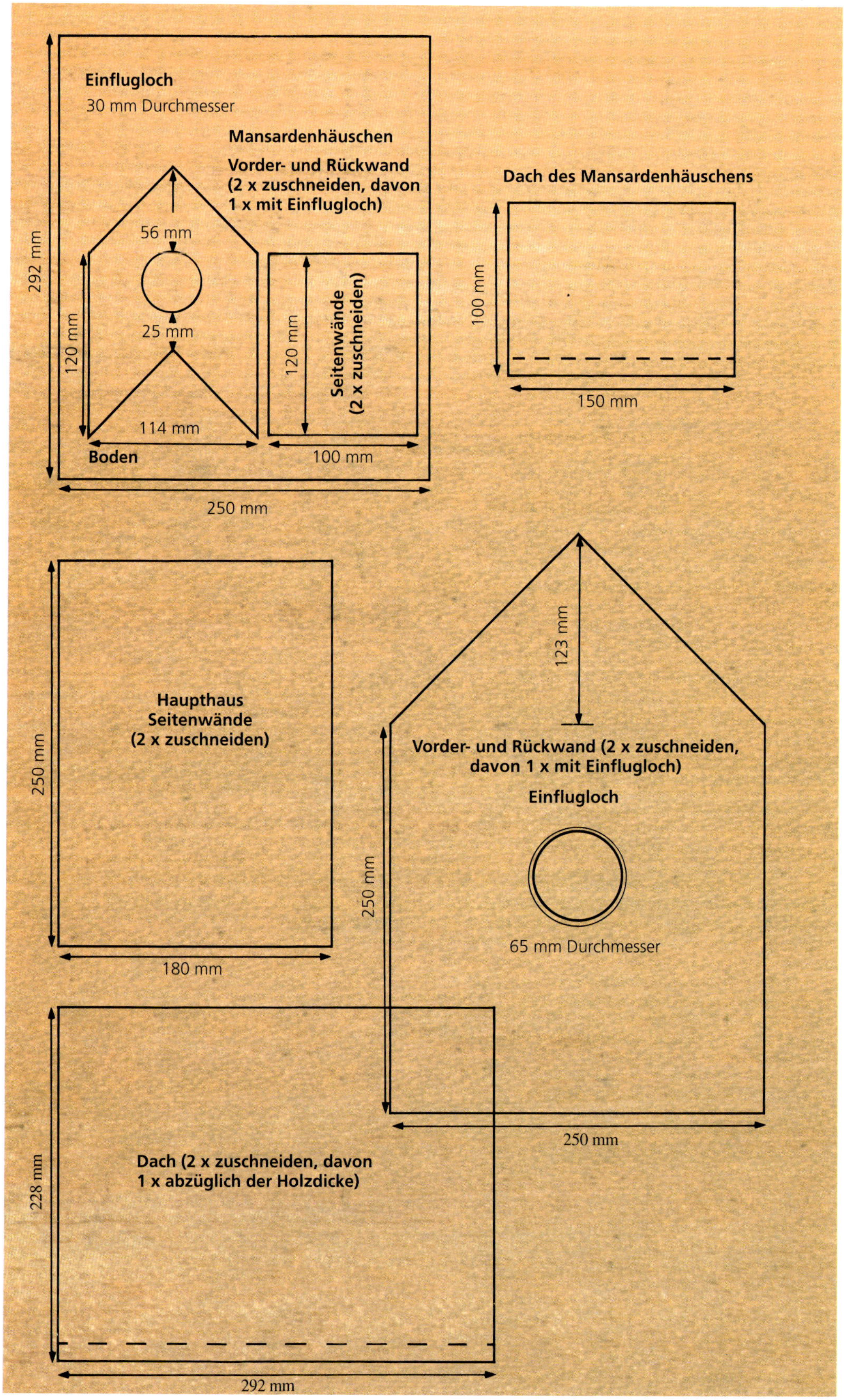

Vorlage zeigt ein Viertel der Originalgröße

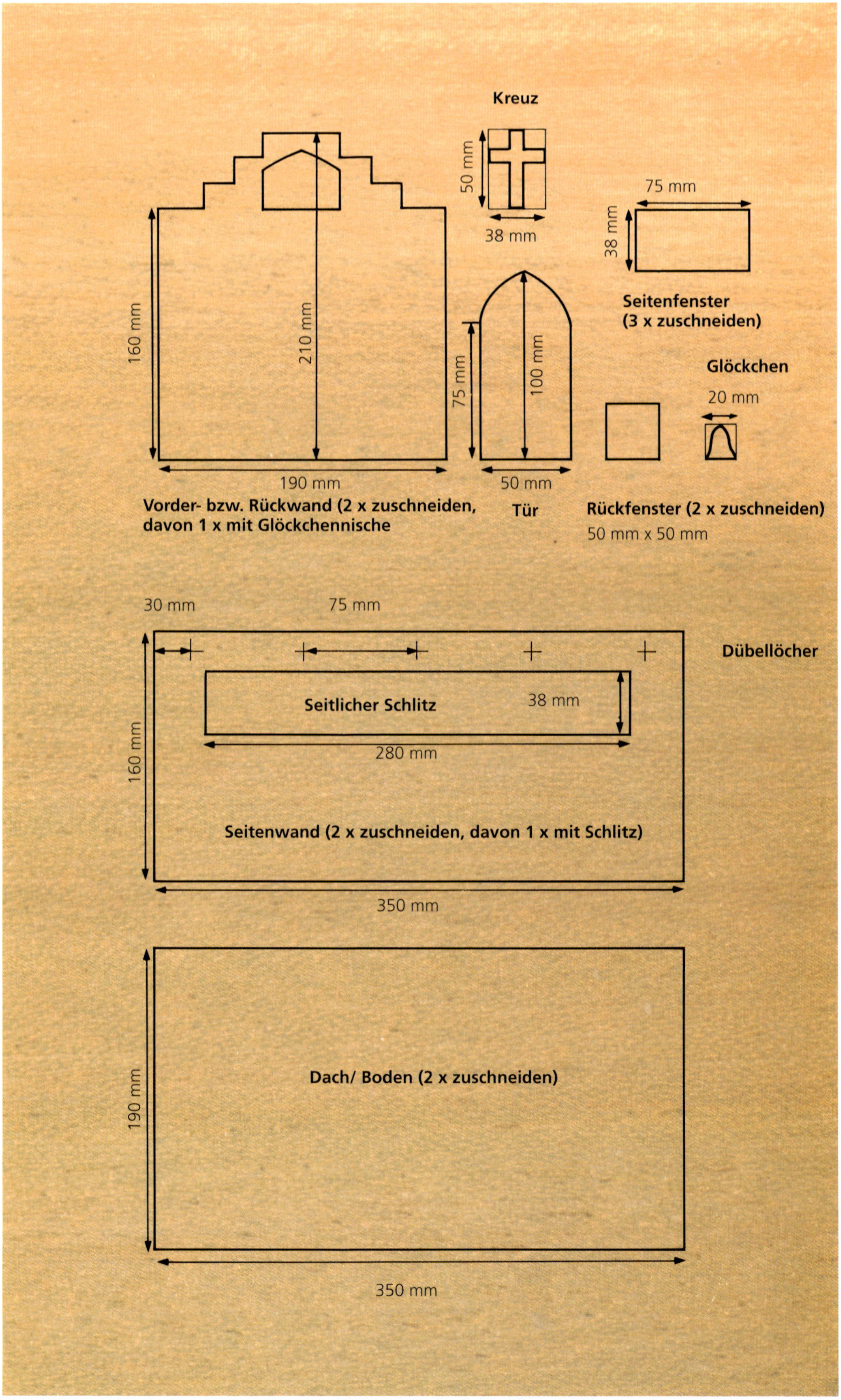

PUEBLO-KIRCHE
(SIEHE S.64)

Vorlage zeigt ein Viertel der Originalgröße

Fachwerkhaus
(siehe S.70)

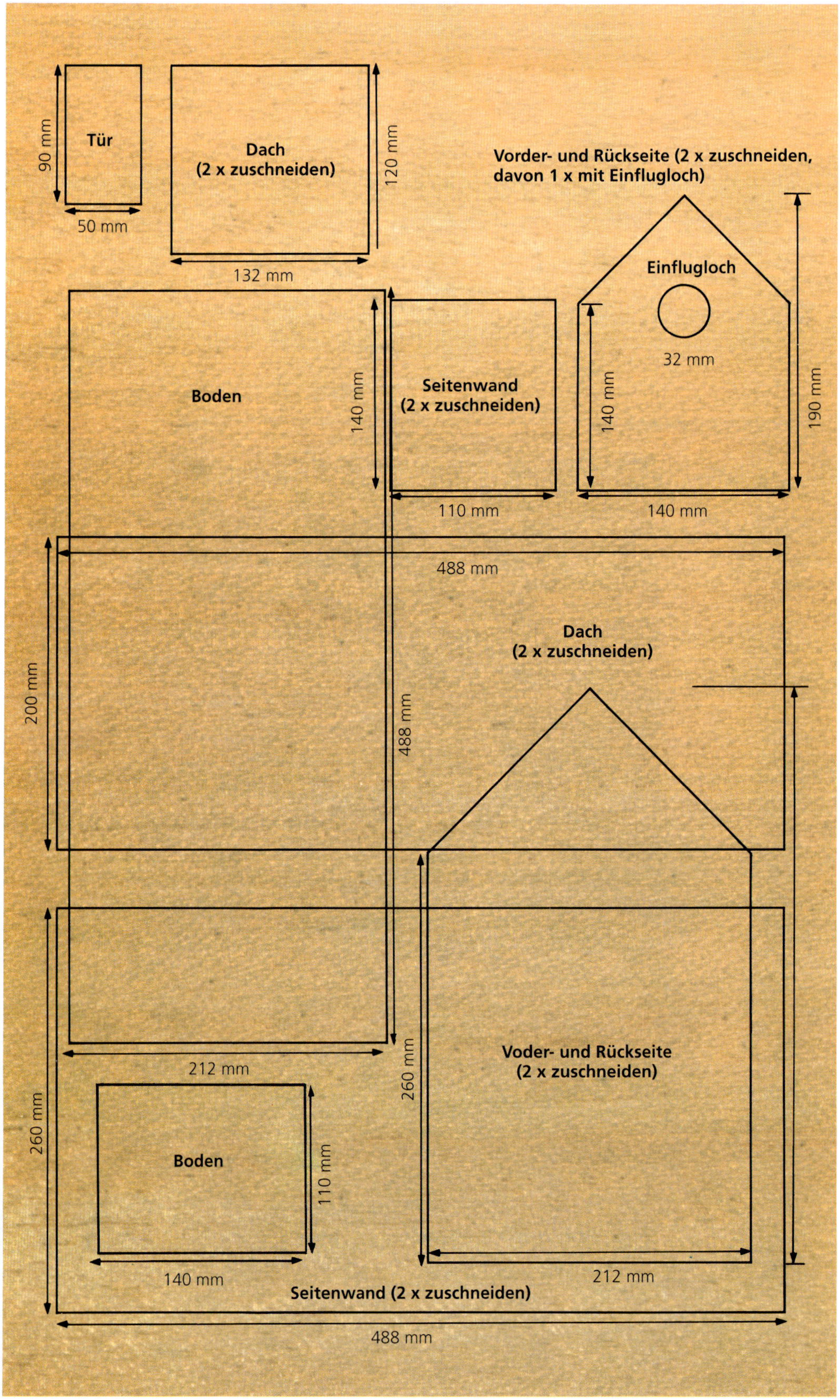

Vorlage zeigt ein Viertel der Originalgröße

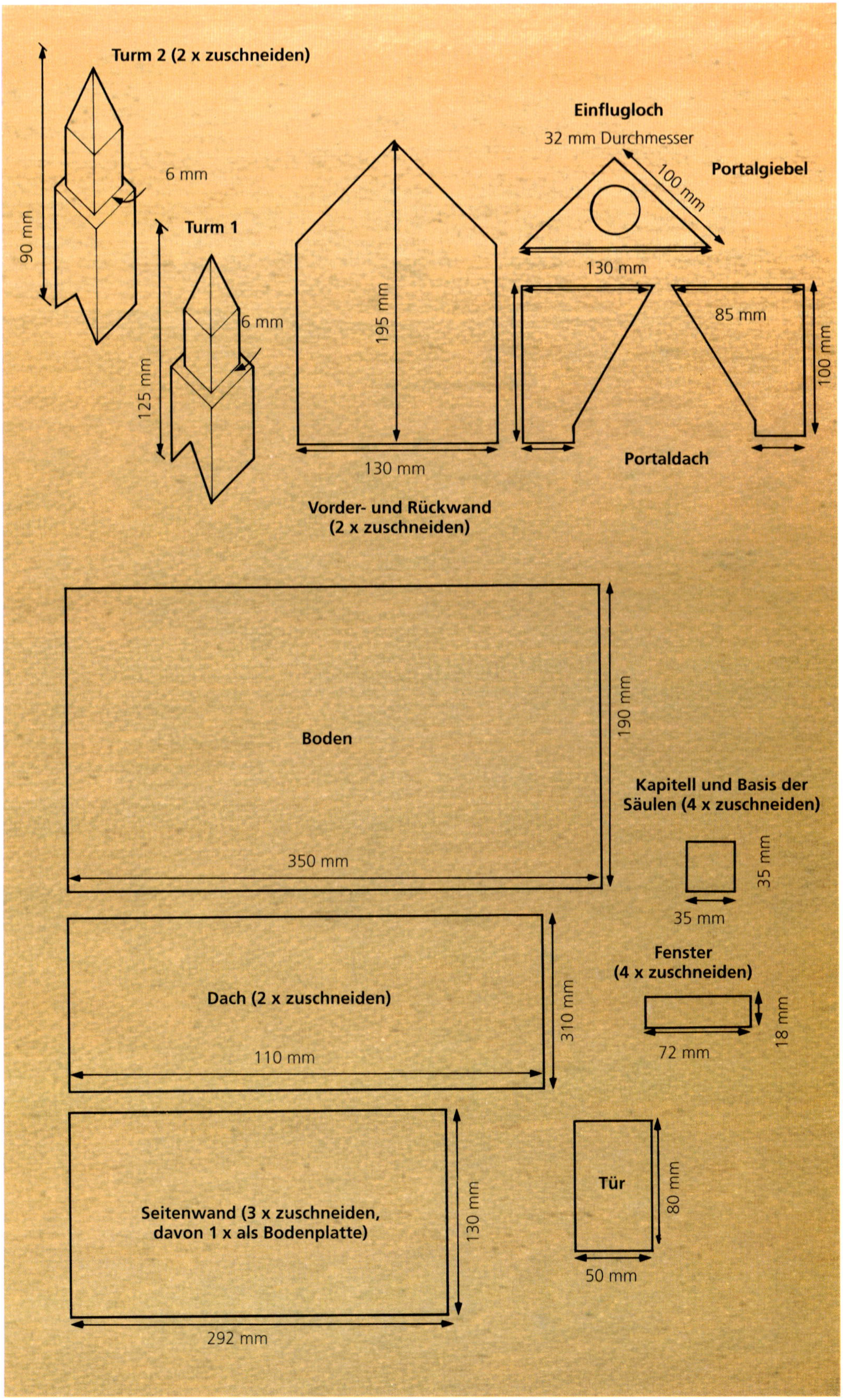

Vorlage zeigt ein Viertel der Originalgröße

SÜDSTAATEN-VILLA
(SIEHE S.74)

Windmühle
(siehe S. 78)

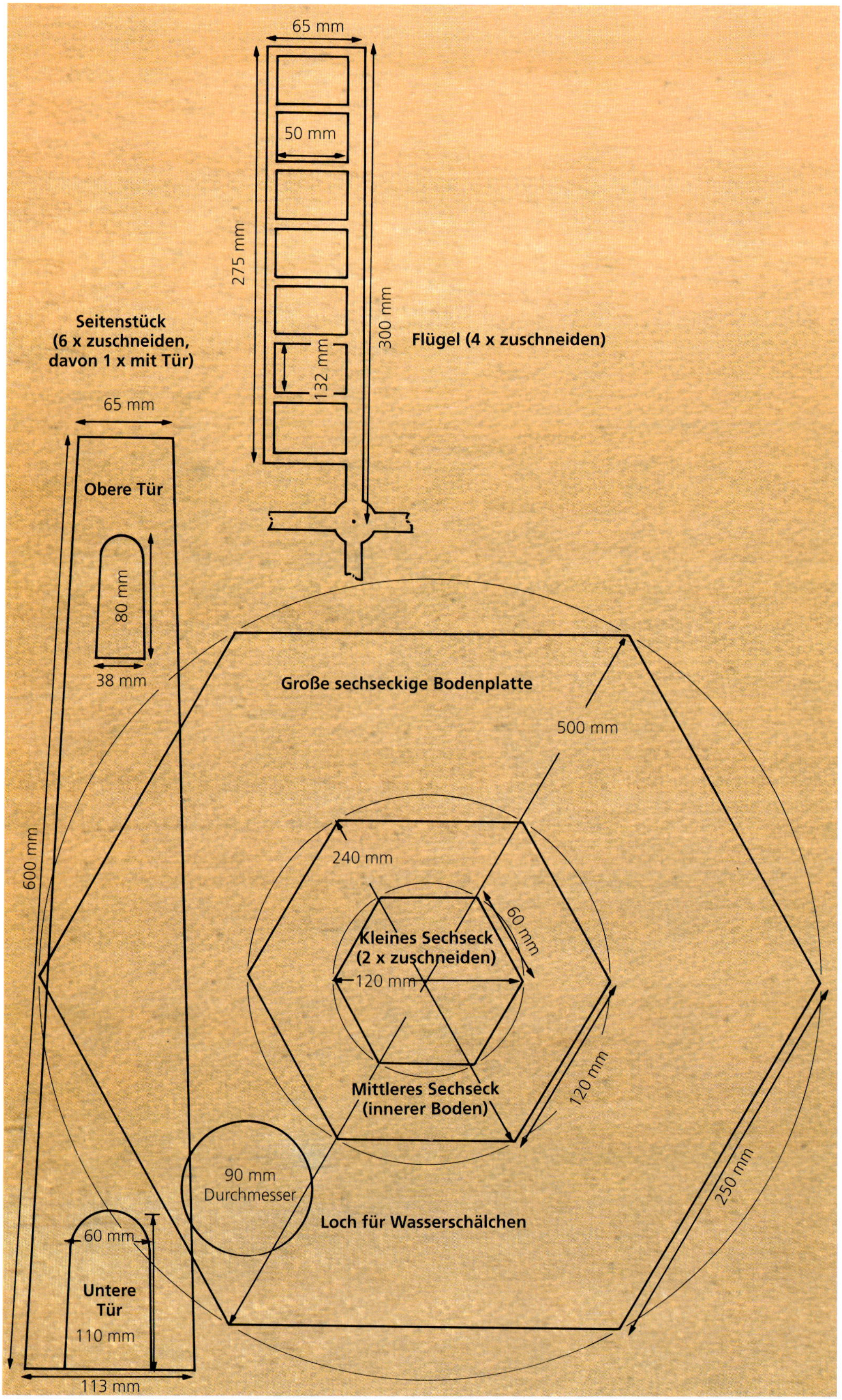

Vorlage zeigt ein Viertel der Originalgröße

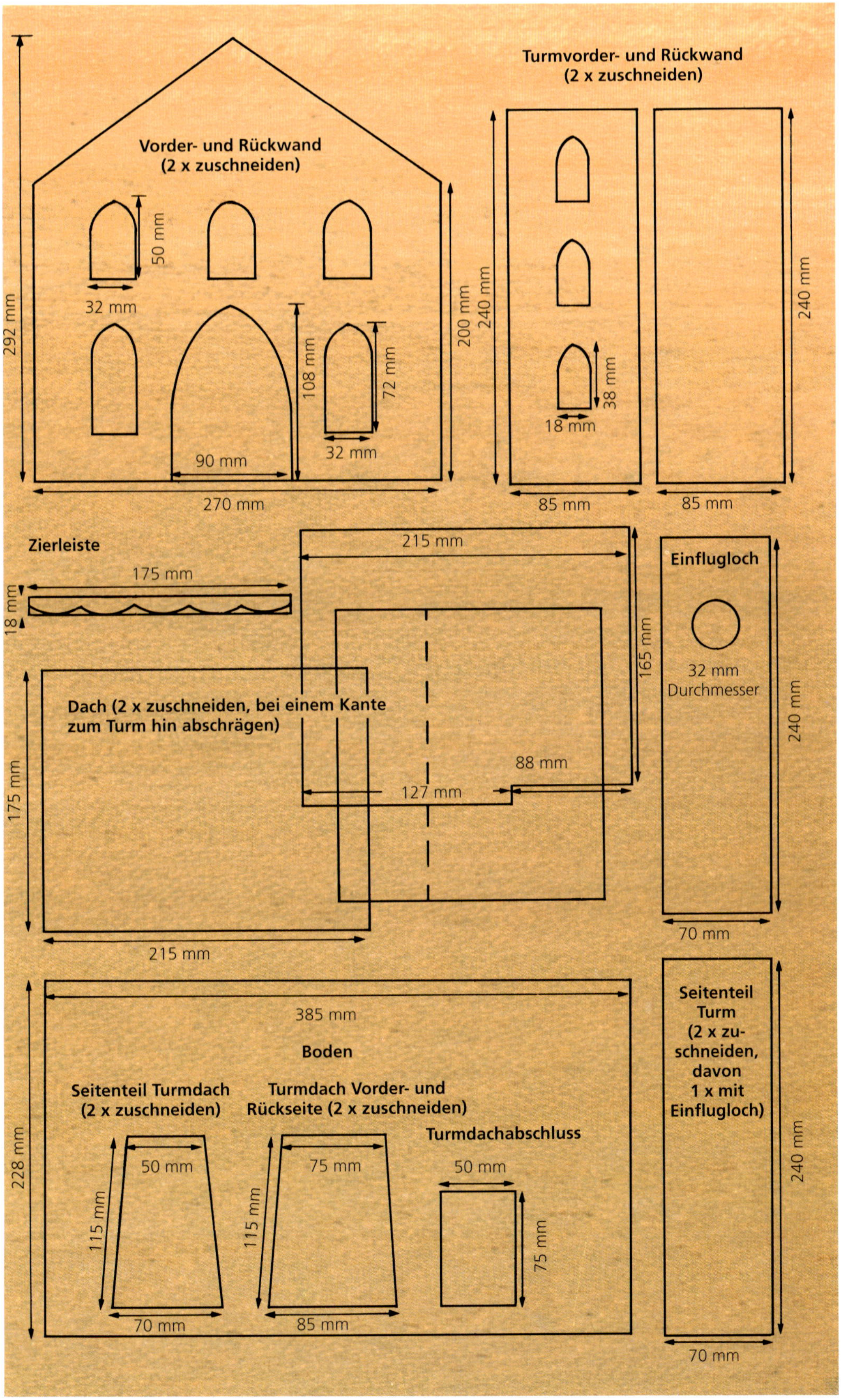

Vorlage zeigt ein Viertel der Originalgröße

Herrenhaus
(siehe S. 84)

Taubenschlag
(siehe S. 90)

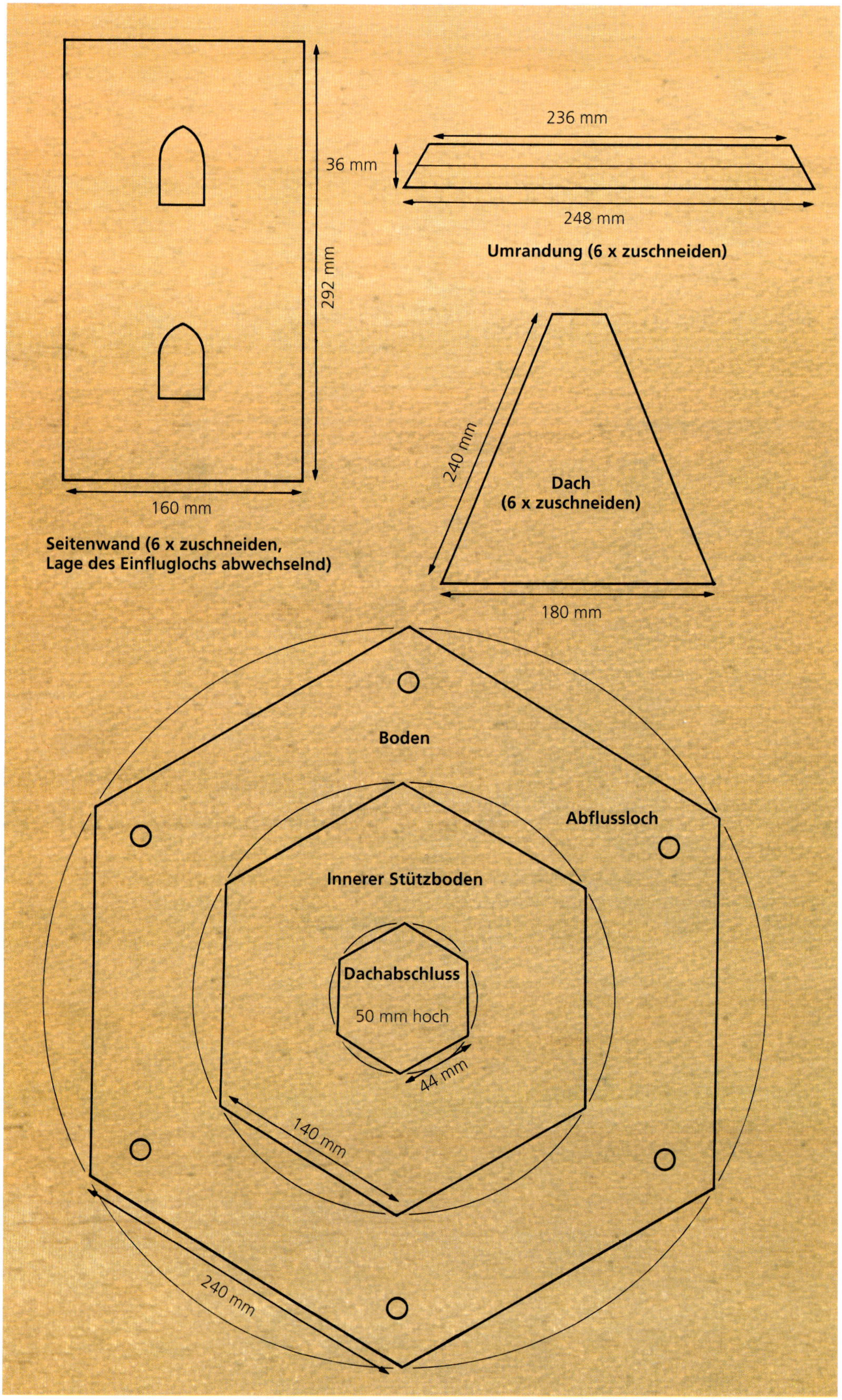

Vorlage zeigt ein Viertel der Originalgröße

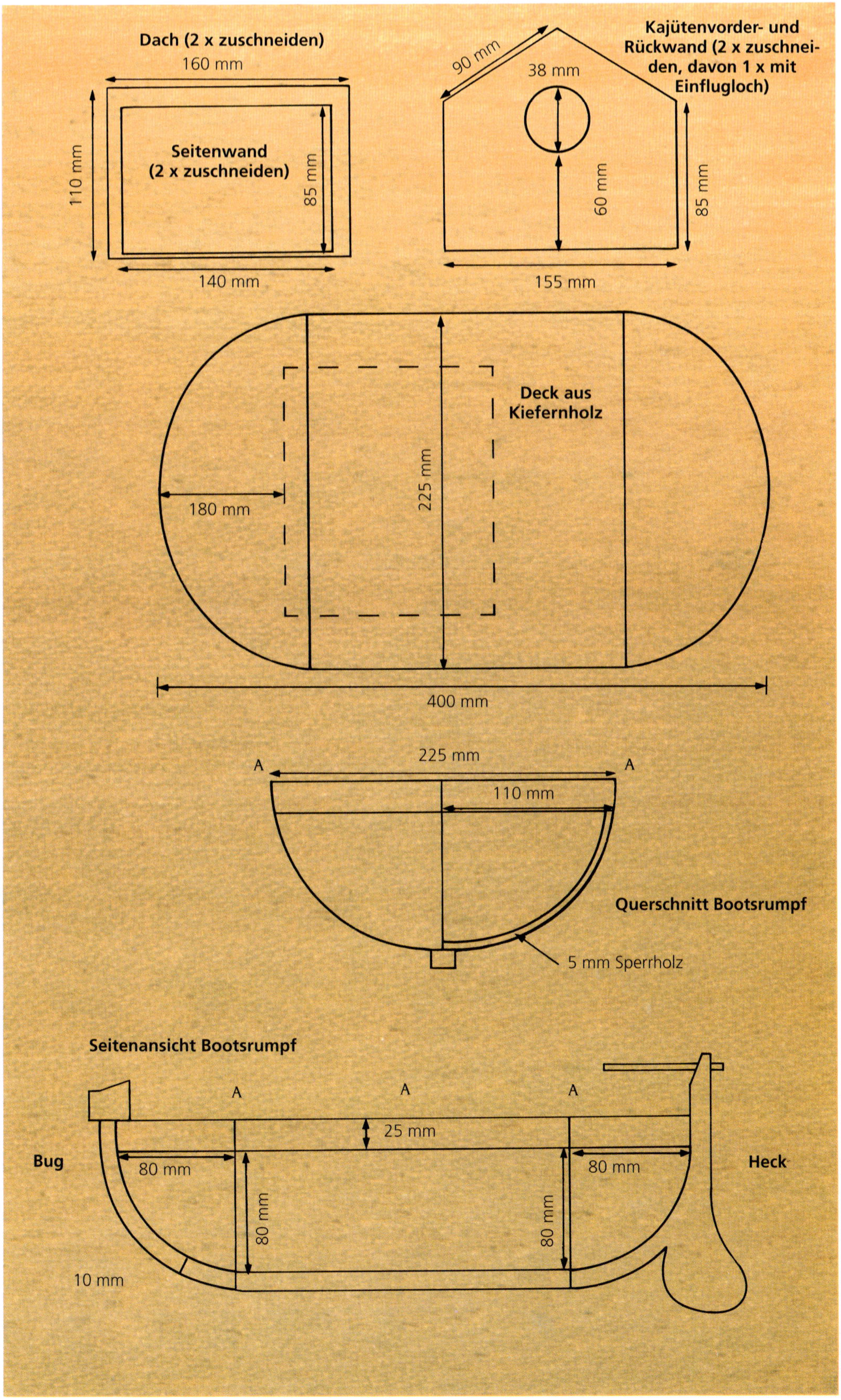

Vorlage zeigt ein Viertel der Originalgröße

Arche Noah
(siehe S. 96)

WOLKENKRATZER
(SIEHE S.102)

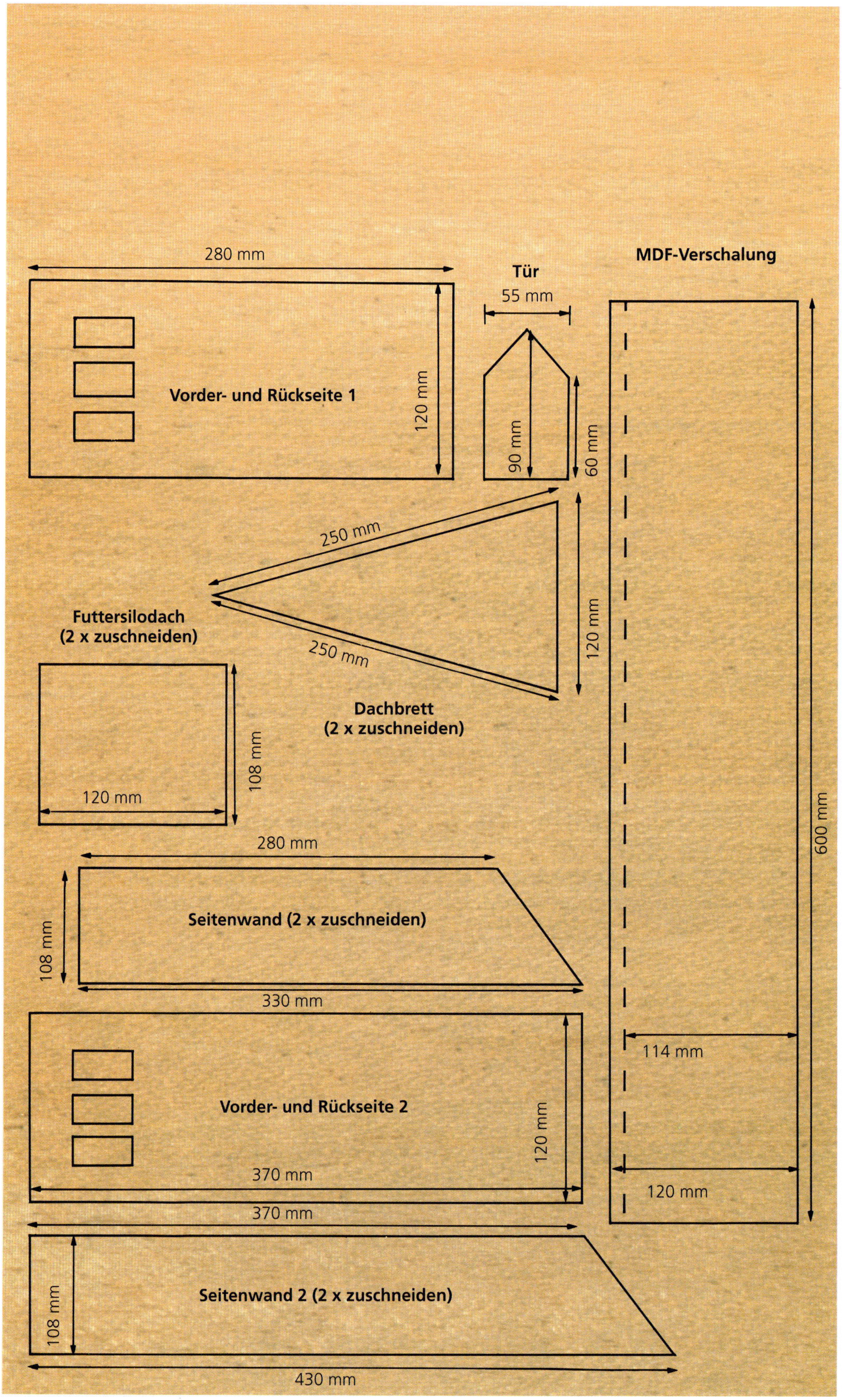

Vorlage zeigt ein Viertel der Originalgröße

Eichhörnchen
(siehe S.41)

Vorlage zeigt ein Viertel der Originalgröße

Register

Werkzeug- und Materiallisten am Anfang der jeweiligen Kapitel sind im Register nicht aufgeführt.

A
Abflusslöcher 6, 8
Alublech 78
Amseln 24, 38
Anschlagwinkel 16
Arche Noah (Nistkasten/ Futterstelle) 96–101, Vorlage 123
Äste 9, 20–23, 28–30
Atemschutzmasken 15
Augenschutz beim Arbeiten 14

B
Baumstammhäuschen (Nistkasten) 20–23
Bienen 8
Blechdosen zur Abwehr von Räubern 9
Blei 9
Bohrmaschine 15
Bretter 9, 17

C
Chemikalien 8, 9
Country-House (Nistkasten) 48–51, Vorlage 113

D
Dach 6
Distelsamen 31, 102
Drosseln 24, 31, 38
Dübel 7, 102
Durchschläger 17

E
Eichelhäher 31, 38, 44, 102
Eichhörnchen (Futterstelle) 41–43, Vorlage 125
Eichhörnchen 7, 9
Einfluglöcher 6–7
Elektrogeräte 15
Erdnüsse 8, 11, 38
Erdnussbutter 31

F
Fachwerkhaus (Nistkasten) 70–73, Vorlage 118
Finishing 15
Finken 7, 28, 44, 52, 102
Fitislaubsänger 12
Fliegende Untertasse 13
Fliegenschnäpper 12
Fräse 15
Futterbaum (Futterstelle) 28–30
Füttern 8, 10
Futtertablett (Futterstelle) 24–27, Vorlage 110

G
Gartenrotschwanz 7, 12, 64
Goldammer 38
Grasmücke 38
Grauschnäpper 12, 64
Größe der Einfluglöcher 7
Größe der Kästen 6
Grundlagen für Futterplätze 8–9
Grundlagen für Nistkästen 6–8
Gummiband/Lederband 7, 31

H
Halloween-Hexe (Futterstelle) 39
Hammer 17
Handwerkszeuge 16
Hartholz 9, 17
Haussperlinge siehe Spatzen
Herrenhaus (Nistkasten) 84–89, Vorlage 121
Hobel 17
Holz 9, 17
Holzfarbe 17
Holzschutzmittel 8, 9, 20
Holzleim 17

I
Insektenbefall 6, 52
Insekten, getrocknet als Futter 44
Instandhaltung 8, 9

K
Katzen siehe Räuber
Kleber 17
Kleiber 10, 11–12, 28, 31, 38, 41, 48, 52, 74, 84, 102
Kletteraffe (Futterstelle) 31–33, Vorlage 108–109
Korrosion 8, 9
Krankheiten bei Vögeln 52

L
Landhaus (Nistkasten) 56–59, Vorlage 115
Laubsäge 16

M
Maßband 16
Material 9, 17
Mäuse 9
MDF (Mitteldichte Faserplatte) 9, 17
Mehlschwalben 90
Meisen 7, 10, 11–12, 20, 28, 34, 38, 44, 48, 52, 56, 60, 70, 84, 90, 96, 102
,Blau- 12
,Tannen- 12
,Kohl- 12
Messen und anzeichnen 16, 17
Messer 16
Metallineal 16
Metallteile Korrosion 8, 9
Miniaturschuppen (Nistkasten) 34–37, Vorlage 111
Mistgabel 24, 26
Mönchgrasmücke 12
Moore House, Virginia (Nistkasten) 58

N
Nägel 9
Neuenglisches Schulhaus (Nistkasten) 60–63, Vorlage 116
Nistplätze 7, 10–13

O
Ofenrohr 7, 24
Ohrschützer 14

P
Parasiten 8
Pirol 28
Plastikrohr zur Abwehr von Nesträubern 9
Pueblo-Kirche (Nistkasten) 7, 64–69, Vorlage 117

R
Ranch (Futterstelle) 52–55, Vorlage 114
Raspel 16
Ratten 9
Räuber, Schutz vor 7, 9, 10, 20, 24, 76, 78, 94
Reetdach 70, 72, 73
Reparaturen 8
Rotkehlchen 7, 12, 38, 56, 60, 64

S
Säge 16
Sägen und hobeln 16–17
Säubern des Vogelhäuschens 8, 9, 52
Schaber 17
Scharnier 9
Schimmelpilze 52
Schrauben 9
Schraubstock 14
Schraubzwingen 17
Schutzbrille 14
Schutzringe für Einflugloch 7, 20
Schwalben 56, 60, 70, 90, 96
Schweizer Chalet (Futterstelle) 44–47, Vorlage 112
Seitenschlitze 7
Sicherheit 14–17
Spaten als Baumaterial 24
Spatzen 7, 12, 38, 44, 52, 56, 60
Spechte 10, 28, 31, 38, 41, 44, 48, 52, 56, 60
Sperrholz 9, 17
Stare 11, 12, 44, 48, 60, 74, 78
Staubmasken 15
Stellwinkel 16
Stichsäge, elektrische 15
Störung der Nester 8, 88
Streichmaß 16
Stummer Gärtner (Futterstelle) 38–41, Vorlage 108–109
Südstaaten-Villa 74–77, Vorlage 119

T
Tauben 24, 44, 96
Taubenschlag (Nistkasten) 90–95, Vorlage 122
Taubenschlagstil 7, 76
Terrassierte Vogelhäuschen 7
Trauerschnäpper 12
Trinkflasche 8
Trinkwasser, Bereitstellung von 27, 44, 52, 81, 106

V
Vogelfutter 8–9, 11, 31, 38, 44, 102
Vogelnester 10–13

W
Waldkauz 56
Wasserfeste Oberflächen 15, 17
Watte, Verzicht auf 13
Weichholz 9, 17
Weide 20, 100
Wendehals 10
Werkbänke 14
Werkzeuge 14-17
Wespen 8
Wetterfähnchen 9

Windmühle (Nistkasten/ Futterstelle) 9, 78–83,
Vorlage 120
Windschutz 7
Wolkenkratzer (Futterstelle) 102–107,
Vorlage 124

Z

Zaunkönige 7, 10, 12, 20, 34, 44, 48, 56, 64, 70, 74, 84, 96

DANKSAGUNG

Quarto bedankt sich bei folgenden Personen und Institutionen, die die Fotos in diesem Buch zum Nachdruck freigegeben haben:
Ace Photo Agency 10 l (Margot Melmore), 46 (Erik Pelham);
Heather Angel /Biofotos 10 ur; Daybreak Imagery 6 (Susan Day), 7 o, 29, 98 (Richard Day);
Jesse Hickman 13 ol; Andrew Lawson 13 or;
Clifton Monteith 9 u, 22, 100; Jackie Newey 9 o, 12, 72, 92;
PhotoNats 7 m (Deborah M. Clowell), 8 (Priscilla Connell), 101 (Carl Hanninen);
Randy Sewell 13 u, 50, 54, 82, 99; Harry Smith Collection 76, 93;
Nancy Thomas Studio Gallery 36, 39, 58, 62, 66, 102;
Traditional Garden Supply Ltd 67, 94; Juliette Wade 68, 87;
Wildlife Matters 7 u, 10 or, 11 o & u.
Abkürzungen: o oben, u unten, m mitte, l links, r rechts
Alle anderen Fotos sind Eigentum der Quarto Publishing plc.

Quarto möchte sich bei folgenden Personen bedanken, die die Ideen zu diesem Buch beigesteuert haben:
Frank Delicata, Eric Kendall und Bob Piper